CINRAD/SA 雷达业务技术指导手册

郭泽勇　　梁国锋　　曾广宇　　主编

U0345496

气象出版社
China Meteorological Press

内容简介

本书以雷达站日常业务工作为主线，系统地论述了CINRAD/SA天气雷达测试技术维护保障方法、业务软件及其他相关业务工作，分8个章节。第1章详细描述了雷达接收机系统、发射机系统的关键测试点电气特征及测试方法；第2章根据ASOM平台维护项目总结了雷达周维护、月维护和年维护等重点指标的维护方法；第3章对雷达业务软件的安装、注意事项及其操作应用等方面做了相应的介绍；第4至7章汇集了雷达资料整编、基数、报表、备件等相关业务工作；第8章结合采集的典型故障个例，总结了闪码和定位两类典型问题的诊断方法。附录对雷达开关机流程、雷达参数、产品、基数据格式、CINRAD/SA报警信息、备件清单、业务质量考核办法以及加密观测管理办法等内容进行了介绍。本书可供天气雷达技术保障人员及高校相关专业师生参考使用。

图书在版编目(CIP)数据

CINRAD/SA雷达业务技术指导手册/郭泽勇，梁国锋，曾广宇主编.
—北京：气象出版社，2015.3
ISBN 978-7-5029-6106-0

Ⅰ.①C…　Ⅱ.①郭…②梁…③曾…　Ⅲ.①气象雷达-技术手册
Ⅳ.①TN959.4-62

中国版本图书馆CIP数据核字(2015)第057826号

CINRAD/SA LEIDA YEWU JISHU ZHIDAO SHOUCE
CINRAD/SA 雷达业务技术指导手册

出版发行：气象出版社			
地　　址：北京市海淀区中关村南大街46号		邮政编码：100081	
总 编 室：010-68407112		发 行 部：010-68409198	
网　　址：http://www.qxcbs.com		E-mail：qxcbs@cma.gov.cn	
责任编辑：马　可　张　斌		终　　审：黄润恒	
封面设计：易普锐创意		责任技编：吴庭芳	
印　　刷：北京中新伟业印刷有限公司			
开　　本：787 mm×1092 mm　1/16		印　　张：10	
字　　数：256千字			
版　　次：2015年3月第1版		印　　次：2015年3月第1次印刷	
定　　价：35.00元			

《CINRAD/SA 雷达业务技术指导手册》
编写组

顾　　问：梁　域　　敖振浪

主　　编：郭泽勇　　梁国锋　　曾广宇

编写组成员：

梁钊扬	郑　清	吴少峰	胡学英	罗业永
黄裔诚	胡伟峰	程元慧	刘永亮	叶宗毅
区永光	罗雄光	殷宏南	陈杰呼	麦宗天
郭圳勉	黄小丹	黄先伦	吴长春	邓长坤
舒　毅	袁　圣	方文信	陈世春	卢　峰
郑华珠	成仕凡	张德苏	周钦强	雷卫延
李建勇	虞海峰	姚喜乔	郭志勇	孙召平
刘　杨	余　洋	黎德波	钟震美	罗　鸣
刘亚全	邝家豪	朱永兵	李源锋	黄卫东

序

CINRAD/SA 新一代天气雷达是监测台风、暴雨、飑线、冰雹、龙卷风等灾害性天气过程的先进装备之一,尤其对半径 460 千米范围的雹云、龙卷气旋等中小尺度天气系统的监测最为有效。我国新一代天气雷达建设始建于 20 世纪 90 年代末,到 2014 年底全国已建成雷达 171 部,形成了较为完善的新一代天气雷达监测网,使我国对灾害性天气的监测和预警能力提高到一个新的水平,在气象防灾减灾中发挥了重要作用,取得了显著的社会效益和经济效益。

提高雷达保障人员的技术水平,加速雷达维修维护时效,减少雷达系统设备的故障率,提升雷达稳定性、可靠性及探测数据的可用性,确保雷达系统整体运行质量,充分发挥雷达在灾害性天气监测中的重要作用,是一环扣一环的系统性工作。这不仅需要雷达管理工作做到规范、有序、有效和细致,也需要一套比较系统的涉及雷达管理、业务运行、技术保障的业务指导书,使新一代天气雷达技术保障人员能够快速学习掌握相关规章制度、维修维护技术、雷达性能测试技术、业务质量考核以及雷达探测技术研究等方面的知识。

《CINRAD/SA 雷达业务技术指导手册》的作者均是工作在天气雷达工作岗位上的一线技术人员,具有比较丰富的实践经验。本书内容汇集雷达实际操作、雷达测试技术、维修维护、雷达数据应用、故障个例分析与处理、雷达业务软件以及台站其他具体业务。一方面,有助于有经验的技术人员巩固所学雷达相关知识,温故而知新;另一方面,便于刚从事雷达工作的新同志学习参考,帮助新同志尽快熟悉业务,更好地保障雷达正常运行。本书内容理论联系实际,深入浅出,通俗易懂,内容清晰,图文并茂,凝练了一线雷达工作者的智慧和心血,既有较高的理论水平,又有很强的可操作性和实用性,有助于雷达技术保障人员快速了解和掌握雷达系统运行和维修诊断技术以及处理方法,是一本适用基层台站技术人员的实用参考书。

衷心希望本书能够对广大天气雷达技术支持和保障人员的上岗培训及实际业务工作有较好的参考价值,培养出一批又一批高素质高水平的雷达保障人员,为新一代天气雷达稳定可靠地运行发挥积极作用。

2015 年 3 月 3 日

前　言

　　自 2001 年以来,广东省陆续布设了广州、阳江、韶关、梅州、汕头、深圳、河源、汕尾、珠海、肇庆、湛江 11 部 CINRAD/SA 型新一代天气雷达,为保障新一代天气雷达可靠运行,广东省大气探测技术中心、省气象局观测与网络处联合雷达生产厂家举办了多期新一代天气雷达技术保障培训班,通过培训和交流,提高了台站技术保障人员的理论知识和实际操作能力。经过长期一线新一代天气雷达的技术保障历练,基层雷达站技术人员在新一代天气雷达业务运行和维护维修方面积累了丰富的经验。

　　为进一步提高新一代天气雷达站的业务运行质量,有效地发挥新一代天气雷达在灾害性天气监测和预警中的作用,阳江市气象局组织相关技术骨干并联合一线雷达技术保障人员,对雷达参数测试、维护操作、雷达业务软件使用及台站相关运行业务进行总结,将相关总结资料整理成册,为从事雷达维护保障的技术人员提供借鉴,也为新工作人员尽快熟悉新一代天气雷达保障工作提供参考。

　　本手册集雷达参数测试、维护操作、雷达业务软件安装与使用,以及台站相关运行业务于一身,通过整理与提炼,形成一本基层雷达站技术保障人员的操作指南,内容涵盖以下四个方面:

　　(1)根据 CINRAD/SA 天气雷达性能指标,结合仪表操作步骤,总结了发射机和接收系统关键测试点的测试原理、测试方法;

　　(2)根据综合气象观测系统运行监控平台(ASOM)的雷达维护项目,总结了雷达周维护、月维护以及年维护、年巡检等重点指标的检查和测量方法,以及相关业务软件的安装与维护方法;

　　(3)介绍了 LINUX 环境下 RDA 计算机软件操作应用,以及 RPG、PUP 和资料上传PUPC、UCP、RPGCD、TRAD、RSCTS 等相关软件的安装、参数配置方法及使用技巧;

　　(4)介绍了雷达资料的保存与整编方法、机务报表、质量报表、雷达备件管理、油机和 UPS维护、雷达维护维修实例等其他业务工作。

　　在本手册的编写过程中,得到广东省大气探测技术中心敖振浪正研级高工、广东省气象台胡东明高工以及河南省大气探测技术中心潘新民正研级高工、敏视达雷达有限公司相关专家和技术人员的热心指导与大力帮助,在此表示衷心的感谢!

　　本手册撰写过程中,参考了他人的一些研究成果,除了参考文献中所列正式刊登的论文、论著外,还有部分资料摘自培训讲义、文件以及会议材料等,对未正式发表的内容,不一一列出作者和出处,恳请有关作者谅解,在此也深表谢意。

　　本手册的顺利出版得益于广东省阳江市气象局的大力支持,广东省气象局探测数据中心、广东省气象局观测与网络处有关领导和专家对本手册的编写给予了大量的指导,在此谨表示衷心感谢!

　　编写组在广东省气象科技项目"基于 WEB 的天气雷达故障案例采集与处理平台

（2012B36）"和阳江市气象局科研课题"CINRAD/SA 雷达测试技术与维护指南"的基础上，以敏视达雷达有限公司近年来的培训材料为基本素材，结合雷达站一线技术人员的经验积累编写而成，力求尽量做到实用、贴近实际，由于作者水平有限和编写时间仓促，书中不足和差错在所难免，恳请使用者批评指正。

本书编写组

2014 年 5 月

目 录

1 雷达系统关键点测试方法

目前地市级雷达站的测试仪器主要有:功率计、示波器及万用表,其中功率计多为安捷伦的 Agilent E4418B,功率探头则为 8481A/N8481A。功率计主要用于测试发射机的输出功率、接收机频率源的 J1—J4 的各路输出、接收机测试通道关键点功率等。现在台站使用示波器多为泰克的 Tektronix TDS3032B/C、TDS1012B、DSO5032A 等。在 CINRAD/SA 雷达测试中,示波器主要用于测试发射机高频脉冲输入输出包络、发射机各组件关键点波形及接收机测量接口板相关测试点波形等。本章通过使用功率计,给出频率源输出、发射机射频脉冲功率、接收机测试通道关键点功率等测试方法与参考数据;通过使用示波器,给出接收机测量接口板、发射机射频脉冲包络、高频激励器、高频脉冲形成器、灯丝中间变压器、开关组件、触发器、调制组件以及束脉冲等关键测试点的测试方法与波形数据。相关波形和数据均可作为维护、维修的参考。

1.1 接收机关键点测试

(1)接收机主通道

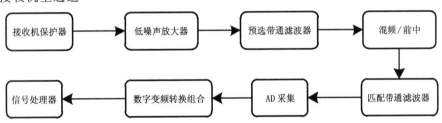

图 1.1 接收机主通道框图

(2)接收机测试通道

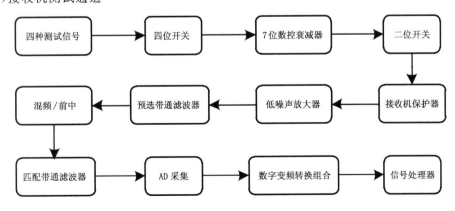

图 1.2 接收机测试通道框图

（3）接收机测试通道关键测试点

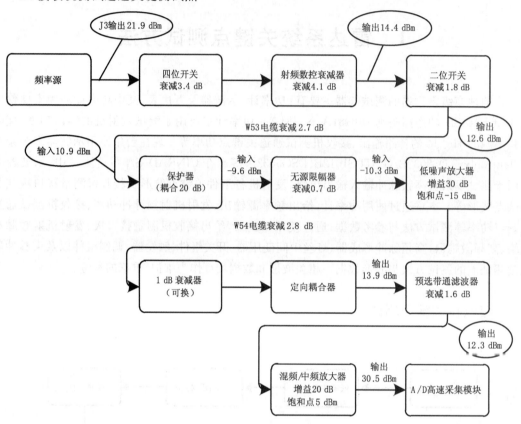

图 1.3　接收机通道测试关键点

　　以上关键点测试时，测试平台选通二位开关和四位开关，发射 CW，如果接收机性能指标变坏或是无指标（如 RFD、KD、CW 等），那么多半是接收机测试通道中间一环节的问题，需按照以上通道从后往前测试，逐级判断。

1.1.1　频率源

　　频率源组件属于国家级备件，是全相参多普勒天气雷达的核心部件，其组件工艺水平高且价格昂贵，提供了整个雷达工作所需的基准信号，共有 5 路输出，除 9.6 MHz 主时钟信号外，J1—J4 分别输出如下：

　　J1：射频激励信号（RF DRIVE SIGNAL），频率 2.7～3.0 GHz，峰值功率 10 dBm（10 mW）；

　　J2：稳定本振信号（STALO SIGNAL），频率比射频激励信号的频率低 57.55MHz，输出功率 14～17 dBm；

　　J3：射频测试信号（RF TEST SIGNAL），频率与射频激励信号相同，输出功率 21～24 dBm；

　　J4：中频相干信号（COHO SIGNAL），频率 57.55 MHz，输出功率 26～28 dBm。

　　由于不同站点雷达发射机工作频率不同，因此频率源不能通用。一般使用功率计简单测量 CINRAD/SA 雷达频率源各端口输出功率的情况,初步判断频率源性能的好坏。用功率计测量频率源各端口输出功率的步骤如下。

1.1.1.1　校零

校零的目的在于检验功率计的精确性以及工作是否正常。具体操作方法是首先连接功率计探头 N8481A(−35 dBm～20 dBm)至功率计信号输入端(POWER REF 处),开机让功率计自动识别探头型号(见图 1.4)。

图 1.4　功率计探头识别

在标定前需要注意两点:

(1)测频率源输出需在 RDASOT 测试平台选通 CW 连续波信号,所以在功率计上要关掉脉冲占空比(duty cycle)和偏置损耗(offset)选项才能使标定结果正常;

(2)校零开始是利用仪表内标定信号源进行校零,所以首先要打开机内信号源,将屏幕按钮 Power Ref 打到 on 位置。

点击功率计按钮"CAL",选择屏幕按钮"ZERO+CAL"即可开始校零工作(AgilentN1914 是先按 ZERO 再按 CAL),直至屏幕显示为 0 dBm 或 1 mW(10lg1 mW＝0 dBm)。

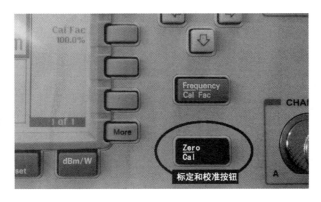

图 1.5　功率计标定

标定结束后,准备测试之前,要记得关掉仪表内标定信号源,将 Power Ref 打到 off 位置,之后才能正式测频率源输出(测发射机功率同样如此),否则误差会很大!

另外,一旦测试平台点击 start 发送 CW 测试信号,那么频综就一直处于工作状态,测试平台的 stop 是关不掉触发的！但是发射脉冲时，测试平台的 stop 可以控制发射机那边的时序。

1.1.1.2　测试

（1）按图 1.6 连接硬件：分别在频率源 4A1 各输出端接上固定衰减器（7~10dB）、转接头、线缆和功率计探头，再接至功率计信号输入端。

图 1.6　频综测试原理框图

（2）设置功率计参数：按 Frequency 按钮设置本站发射频率（如 2.83 GHz），按 System/inputs 按钮设置偏置损耗（offset）为 7dB。

本站发射频率的设置如图 1.7 所示。

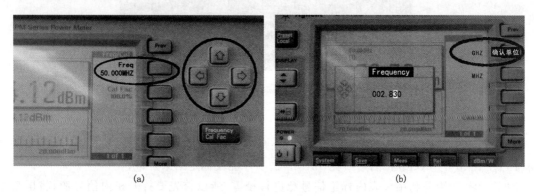

（a）　　　　　　　　　　　　　　　（b）

图 1.7　设置本站发射频率

偏置的设置如图 1.8 所示。

1）点击 System inputs；

2）进入设置页面 Input Settings，偏置数值根据所加的固定衰减器而设定。

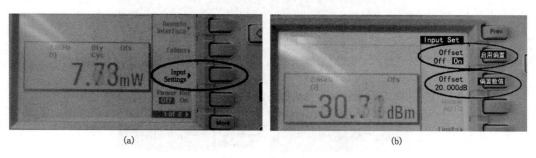

（a）　　　　　　　　　　　　　　　（b）

图 1.8　偏置设置

（3）在 RDASOT 测试平台进入接收机（Receiver）选项并选通二位开关、四位开关，发送 CW 测试信号，功率计即可显示所测输出端的功率值。

（4）功率计使用注意事项

功率计探头 N8481A 的最大承受功率为 20 dBm（如图 1.9 所示），而频率源的四个输出端中 J3 和 J4 端口的输出功率均超过功率探头的最大可承受功率(J3 输出可达 24 dBm、J4 输出可达 28 dBm)。为安全起见,需要在信号到达功率计探头前加上 7～10dB 衰减。另外,需要注意的是,如果不知道所测目标信号的功率大小,最好在功率计探头前端加入足够大的衰减,如果信号太弱甚至检测不到信号,再慢慢调整衰减的大小至合适为止,避免在未知测试目标功率的情况下将探头损坏。

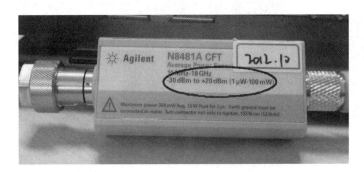

图 1.9　功率计探头功率要求

接收机保护器前端的测量方法与测量频率源输出大致相同,只是测试点在天线座内接收机保护器前端 J3 端口,由于保护器 J3 输出通常只有 12 dB 左右,所以无须增加固定衰减器。

1.1.2　测量接口板

测量 5A16 输出不需要加高压,除充电触发、放电触发、RF GATE C 需要打开 RDASOT 测试平台发脉冲或 CW 连续波外,其余的不需要开测试平台,保证 HSP 供电即可保证 5A16 有输出,因为他们都是由 HSP 直接供电的。

(1)接收机保护器命令 CMD(RC PT CMD N)测试点测试波形如图 1.10 所示。

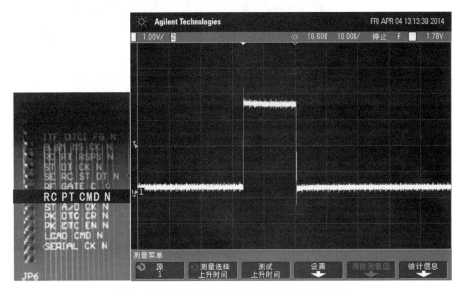

图 1.10　接收机保护器命令测试点与测试波形

（2）接收机保护器响应 RSPS(RC PT RSPS N)测试点和测试波形如图 1.11 所示。

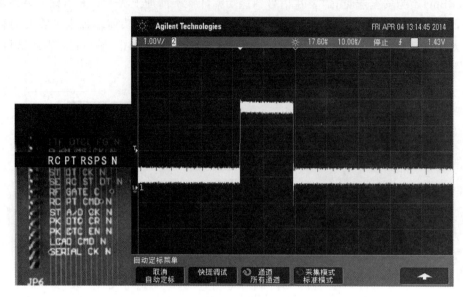

图 1.11　接收机保护器响应测试点与测试波形

（3）9.6M 时钟信号(9.6M MS CK N)测试点和测试波形如图 1.12 所示。

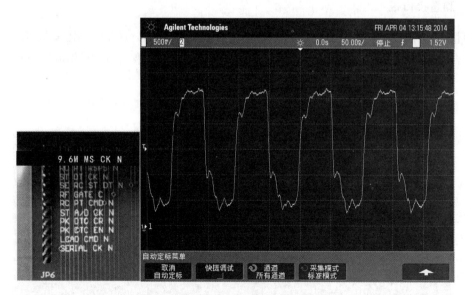

图 1.12　时钟信号测试点与测试波形

（4）充电触发信号（MODCHRG..）测试点和测试波形如图 1.13 所示。

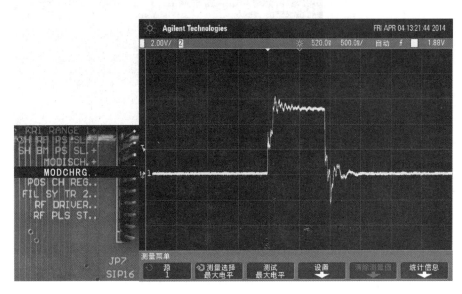

图 1.13　充电触发信号测试点与测试波形

（5）放电触发信号（MODISCH. ＋）测试点和测试波形如图 1.14 所示。

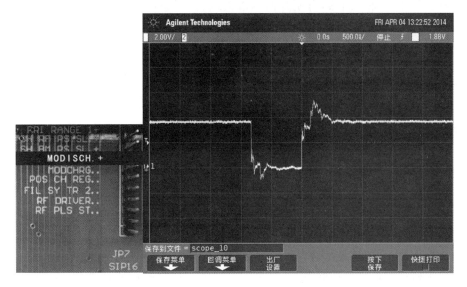

图 1.14　放电触发信号测试点与测试波形

(6)RF 门信号(RF GATE C)测试点和测试波形如图 1.15 所示。

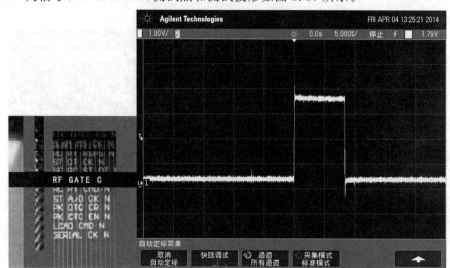

图 1.15　RF 门信号测试点与测试波形

1.2　发射机关键点测试

发射机主要由三部分组成,分别是高频放大链、全固态调制器和油箱部件(如图 1.16 所示)。下面介绍发射机主要部件的结构和工作原理。

(1)高频放大链

高频激励器 3A4:射频激励信号来自接收机频率源(脉宽 8.3~10 μs,峰值功率约 10 mW)。高频激励器 3A4 放大射频输入信号,峰值输出功率大于 48 W,用于驱动高频脉冲形成器 3A5。高频激励触发信号来自信号处理器,40 V 电源供电。

高频脉冲形成器 3A5:对来自高频激励器 3A4 的高频输入信号进行调制、整形,输出功率、波形、频谱均符合要求的高频脉冲(幅度降至 15 W),经可变衰减器 3AT1,得到匹配的输出功率(约 7.5 W 或 2 W,不同速调管要求不同),输入速调管放大器。发射机的输出高频脉冲宽度及频谱宽度主要由本单元决定。

速调管放大器:是发射机高频放大链的末级放大器,一种线性电子注器件,发射机采用六腔速调管,在其阴极与收集极间的直线上排列着六个谐振腔,最靠近阴极的为第一腔,最靠近收集极的为第六腔,其谐振频率分别机械可调。

高频放大链的工作过程如图 1.17 所示。高频输入信号的峰值功率约 10 mW,脉冲宽度约 8.3~10 μs。高频激励器放大高频输入信号,其输出峰值功率大于 48 W,馈入高频脉冲形成器。高频脉冲形成器对高频信号进行脉冲调制,形成波形符合要求的高频脉冲,并通过控制高频脉冲的前后沿,使其频谱宽度符合技术指标要求。调节可变衰减器的衰减量,可使输入速调管的高频脉冲峰值功率达到最佳值。速调管放大器的增益约 50 dB,经电弧及反射保护器后,发射机的输出功率不小于 650 kW。电弧/反射保护器,监测速调管输出窗的高频电弧,并接收来自馈线系统的高频反射检波包络,若发现高频电弧,或高频反射检波包络幅度超过 95 mV,立即向监控电路报警,切断高压。

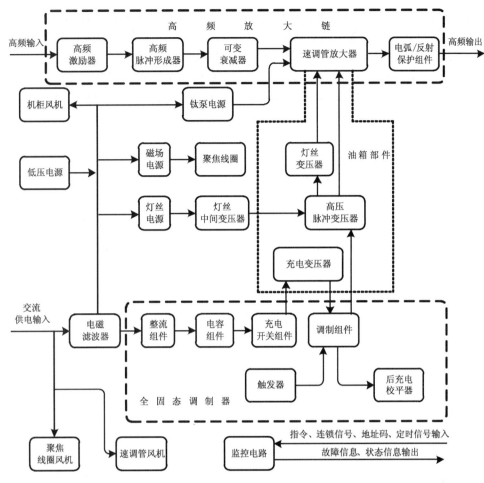

图 1.16 发射机结构简要组成框图

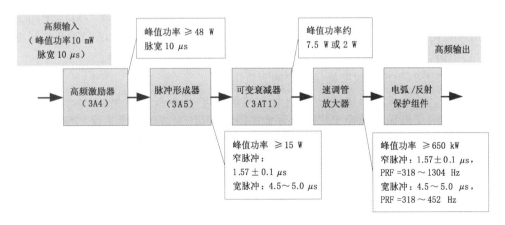

图 1.17 发射机高频放大链

(2)全固态调制器(调制组件 3A12)

来自油箱充电变压器 3A7T2 的充电电流,送到调制器 3A12 中,经充电二极管给双脉冲形成网络(人工线)充电。来自触发器 3A11 的触发脉冲,经 SCR 触发板分成 10 路,分别触发

10 个串联可控硅,将人工线中的储能,通过已被触发导通的可控硅输入到油箱 3A7 中的脉冲变压器 3A7T1,在脉冲变压器 3A7T1 初级产生 2400～2750 V 的脉冲高压。

调制器的人工线有宽窄脉冲两个储能网络,分别用以产生宽脉冲及窄脉冲。脉冲选择开关,按照来自主控板的脉宽选择指令,接通两个人工线中的一个,同时发出相应的回报信号,供监控系统验证。必须指出:不允许在高压工作状态进行宽窄脉冲的切换,切换只能在高压关断状态下进行。

(3)油箱部件

油箱部件内浸泡有灯丝变压器、充电变压器以及高压脉冲变压器。

灯丝变压器:为速调管灯丝提供灯丝电压。

充电变压器:为调制组件充电。

高压脉冲变压器(3A7T1):3A7T1 次级的 60～65 kV 束电压脉冲,加在速调管收集极与阴极之间,收集极接地电位,阴极接负脉冲高压。束电压脉冲在收集极和阴极间建立起强电场,这使得由阴极发射出来的电子由阴极向收集极作加速运动,获得逐渐增强的动能,形成束脉冲。

(4)其他组件

电容组件 3A9:电容 C1～C16 均为滤波电容,电阻 R1、R2 起均压及泄放作用,平常发射机工作后,如未给电容放电,该组件仍有较强余压,自动放电装置未用,要注意安全。

开关组件 3A10:主要与充电变压器配合完成对人工线的充电,接收到信号处理发来的充电触发信号(MODCHARG)和使能信号,通过两只 IGBT 管,将 510 V 直流电传递给充电变压器 3A7T2 初级。

触发器 3A11:主要功能是提供调制器 3A12 中 SCR 开关管触发脉冲,同时兼具调制组件 3A12 的保护功能,并为充电开关组件提供两组与发射机公共端隔离的+20 V 电压。提供调制器放电过流保护,调制器反峰过流保护,及+200 V 电源故障监测。出现故障时向发射机监控系统报警,同时停止输出触发信号,直至收到故障复位指令。

灯丝电源 3PS1:是一个交变稳流电源(将三相 380 V 交流变为 60 V),灯丝中间变压器(升压比 1:4)使电压变为 240 V 左右,送到油箱部件中的脉冲变压器 3A7T1 及灯丝变压器(降压比 45:1),得到电压约为 5.5 V(电流约 27 A),为速调管灯丝供电。

磁场电源 3PS2:为聚焦线圈提供稳定的直流电流。

钛泵电源:用于保证速调管真空状态(与波导加压机,即波导充气单元,区别:波导充气单元 UD6 是提供一定气压的干燥空气的动力装置,其作用是为波导提供干燥的空气,使波导内的空气相对湿度不大于 2%,以减少波导在传输大功率高频发射信号时发生的打火现象)。速调管内部构件有时会放出微量气体,在收到电子轰击或温度升高时,放出的气体会增多,钛泵电源用于抽取这些微量气体,以保证速调管内的真空状态,使放大效率达到最佳。钛泵电源提供钛泵需要的 3000 V 直流电压和微安级电流(钛泵电流)。真空度高,钛泵电流小(接近于 0 μA)。当监测超过 20 μA 时,切断高压。

发射机左门上方的三个开关(Q1、Q2、Q3):Q1 控制各种高压,机柜风机 M4,聚焦线圈风机 M1、M2,速调管风机 M3,油泵的交流供电,通过保险丝组件 3N3 中的交流接触器 K1 为整流组件 3A2 及磁场电源 3PS2 供电。Q2 为辅助供电开关,控制其余各种低电压。Q3 控制机柜照明等供电。

发射机正常工作时,Q1 和 Q2 均应闭合,替换可更换单元时,应断开 Q1 和 Q2。

(5)发射机高压的产生过程

整流组件将三相 380 V 交流整流为约 510 V 左右的直流,经电容组件滤波后使之更加稳定,充电开关组件 3A10 接收来自信号处理器的充电触发信号(MODCHARG)和充电使能信号,通过两只 IGBT 管,将 510 V 直流传递给充电变压器 3A1T2 初级,经升压后(升压比为1：12)在次级输出近 6000 V 电压。这 6000 V 电压对调制组件 3A12 里的人工线充电,充电至 4600 V 时人工线对高压脉冲变压器 3A7T1 初级产生 2300 V 左右的负脉冲高压(人工线电阻与高压脉冲变压器电阻差不多,所以二者均分 4600 V),送到高压脉冲变压器初级,经升压后(升压比为 1：25.8),在次级产生近 60000 V 的负脉冲高压(束脉冲)对速调管供电。

(6)天线运转机理

RDA 发出的命令通过 DAU 转给 DCU 后,DCU 给功放单元(由变压器单元将 380V 转变为 165 V DC 直流电压)一个 5 V 的使能信号(serve on,强电通断指令),功放前端的继电器需吸合需要这个使能信号,(若为 0 V 则继电器不吸合)继电器吸合,功放开始工作,进而产生48 A 的电流(功率约 4000 W)驱动电机转动,电机带动减速机输入轴转动,减速箱输出齿轮和方位大齿轮啮合使天线绕方位轴转动。天线绕俯抑轴转动的机理与方位运转机理类似。

发射机的关键点测试主要包括发射机射频脉冲包络、射频脉冲功率、高频激励器(3A4)输出、高频脉冲形成器(3A5)输出、灯丝电源 3PS1 输出、灯丝中间变压器输出、开关组件 3A10输出、触发器 3A11 输出、人工线输出、束脉冲波形等内容。

1.2.1　发射机射频脉冲包络

发射机射频脉冲包络测试原理如图 1.18 所示。

测量项目:测量发射机输出射频脉冲的包络宽度 τ、上升沿 τr、下降沿 τf 和顶部降落 δ%。

指标要求:窄脉冲 1.57 ± 0.1 μs;宽脉冲 $4.5 \sim 5.0$ μs。

输出脉冲前后沿 ≥ 0.12 μs,顶降 ≤ 10%。

使用仪器:示波器,检波器,固定衰减器。

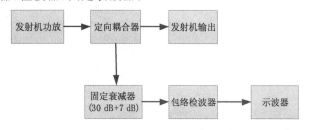

图 1.18　射频包络测试原理框图

1.2.1.1　发射机射频脉冲包络测试方法

(1)方法一:本控和手动模式

测试步骤:

1)示波器自检

如果检测出示波器内部产生的是一个标准的方波信号,说明示波器正常。

2)连接硬件

将检波器,通过两个固定衰减器,接至馈线系统定向耦合器正向耦合端,用示波器观测检波包络波形。衰减损耗的算法同测量发射机功率一样计算,加固定衰减的目的是避免烧毁包络检波器(如图 1.19 所示)。

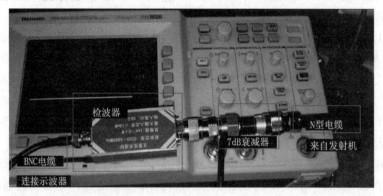

图 1.19　射频包络测试实物连接图

测试点来自发射机机柜顶十字定向耦合器 1DC1,输出功率约为 700 kW(88.4 dBm),十字定向耦合器的衰减一般约为 34～36 dB,系统上已加 30 dB N 型固定衰减器,通过 N 型线缆引下来。由于检波器的最大输入功率约为 10 dBm,所以应再加 7 dB N 型固定衰减器来保护检波器,因此,发射机输出到检波器输入端的衰减值共计 70 多 dB。

3)设置输入电阻为 50 Ω

TDS1012 与 DSO5032A 默认输入电阻均为 1MΩ,通过检波测量包络时需匹配 50 Ω 电阻。

首先点击快速菜单 QuickMenu(如图 1.20 所示)。

查看 DSO5032A 示波器屏幕右边通道旋钮①或②(看实际连接哪个通道),然后在屏幕中"阻抗"对应按钮选择 50Ω 档位。

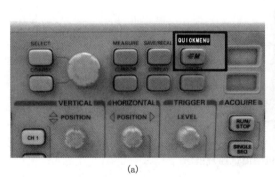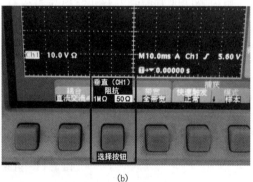

(a)　　　　　　　　　　　　　　　　(b)

图 1.20　设置输入阻抗

不使用检波器而直接使用探头测量各种波形时,应使用 1 MΩ 档位,切记!

4)发射机预热完毕,发射机控制面板切换为"本控""手动"模式,运行 RDASOT 程序,通过 RDASOT 平台发触发和时序,点击 Signal Test。

进入接收机(Receiver)选项,按图 1.21 所示选通二位开关和四位开关。

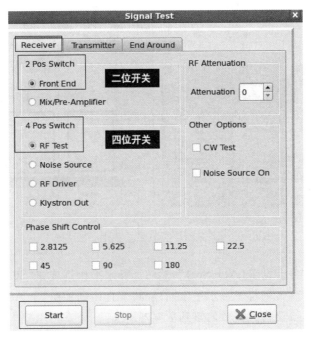

图 1.21　测试平台接收机设置

进入发射机(Transmitter)选项,根据需要选择发送宽窄脉冲和不同的重复频率 PRF,最后点 Start 按钮发触发和时序(如图 1.22 所示)。

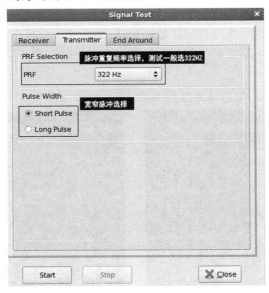

图 1.22　测试平台发射机设置

5)波形测量

点击 AutoSet(自动设置)自动获取波形(如图 1.23 所示)。

观察示波器屏幕所显示的波形,然后通过垂直和水平比例尺旋钮,调整波形。

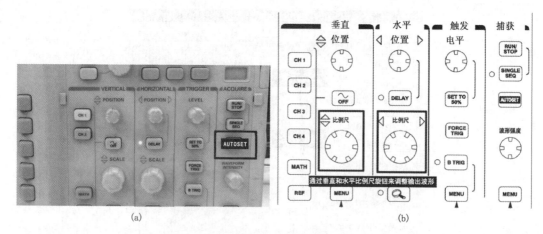

图 1.23 示波器测量包络

在示波器上选择"自动设置（AutoSet）"，然后选择水平比例旋钮"SCALE"，顺时针旋转将波形水平展宽，逆时针旋转则将波形水平压缩；旋转垂直比例旋钮"SCALE"，将波形垂直展宽或压缩，调整波形位置按钮将其波形调整到示波器中央。

关于 AutoSet 自动设置功能：对弱小信号进行人工测量，当信号难以捕捉时，使用 Auto-Set 功能，就是对垂直方向、水平时基、触发方式、采集方式等基本的功能进行设置，自动适应被测信号，能大体地、稳定地捕获波形，为进一步的优化波形提供方便。基本上，在测试信号时，等连线正确后，都会按一下 AutoSet 按键，让示波器自动捕获波形，再通过微调，一般情况下很快就能找到检测信号。

注意：如果测完窄脉冲包络还想测宽脉冲包络，务必先手动按下发射机控制面板 3A1 的"高压关"按钮，然后才能在测试平台上重选选择宽脉冲发送。在高压状态下不允许切换宽窄脉冲！

最终得到的发射机实际输出波形如图 1.24、1.25 所示。

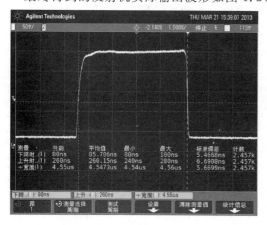

图 1.24 宽脉冲包络

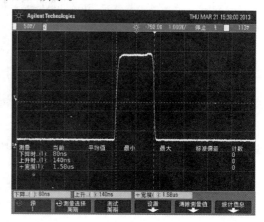

图 1.25 窄脉冲包络

6）具体参数测量

点击测量（Measure）按钮（如图 1.26 所示）。

点击屏幕右侧:测量选择,第二页的上升时间、下降时间和第三页的正脉冲宽度,将光标线放置于包络顶部的起伏处最低点和最高点,读出两线间的幅度,除以两倍的包络幅度即得出顶降,将顶降数值换算成百分数记录。

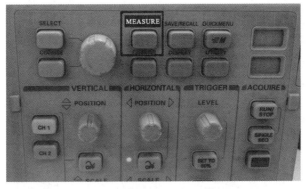

(a)

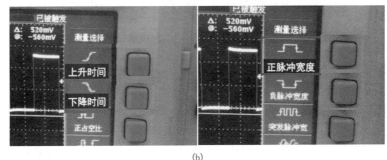

(b)

图 1.26　测量参数选择

(2)方法二:遥控和自动模式

在遥控和自动模式下,Rdasc 软件正常体扫,等到系统自动加高压发送脉冲时,就可以在示波器上调整旋钮看到输出包络,在示波器上取一个静态波形即可。在雷达正常体扫的时候,不能再在 3A1 控制面板上切换为本控手动去人为加高压,只需等待系统自动加高压发送脉冲即可。否则会出现 98(TRANSMITTER INOPERATIVE)、45(XMTR IN MAINTE-NANCE)、398(STANDBY FORCED BY INOP ALARM)等报警。

1.2.1.2　发射射频脉冲包络参数记录

测量发射机输出的射频脉冲包络的宽度 τ(记录表见表 1.1)。

测量仪表:示波器、检波器。

表 1.1　射频包络参数记录表

$\tau(\mu s)$	$\tau r(ns)$	$\tau f(ns)$	$\delta(\%)$
1.56	184	158	2.03
4.58	189.5	181	1.57

注:τ 为发射脉冲宽度;τr、τf 分别表示脉冲包络的上升、下降沿;δ 为包络顶部降落。

1.2.2　发射机射频脉冲功率

用外接仪表(大功率计或小功率计)及机内功率检测装置对不同工作比的发射机输出功率

进行测量。雷达正常运行时,外接仪表与机内检测装置同时测量值的差值应≤0.4 dB。

1.2.2.1 发射射频功率测试方法

(1)方法一:外接仪表测量

测量仪表:功率计以 Agilent N1913A 为例,探头型号为 N8481A。

与测量频率源类似,需首先进行功率计校准,校准完毕后按下列步骤测量:

1)连接硬件(如图 1.27 所示):将高频功率计接上功率计探头 N8481A,分别通过 7 dB 和 30 dB 固定衰减器,接至雷达馈线系统定向耦合器的正向耦合端。

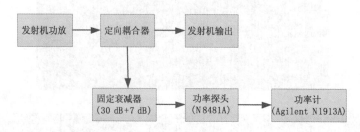

图 1.27 射频功率测试连接原理框图

2)在雷达控制窗口(Radar Control Console)上点击 Stop 退出 RDASC 程序,然后启动测试平台(RDASOT),点击信号测试(Signal Test),进入发射机选项(Transmitter),选择窄脉冲(Short Plus)并设置脉冲重复频率(PRF)为 322 Hz。

3)设置功率计参数:点击 Frequency 按钮,将频率设置为发射机主频,点击 System inputs,将偏置损耗(Offset)设置为发射机定向耦合器到功率计探头的所有衰减之和,将占空比(Duty Cycle)设置为当前脉冲重复频率下的占空比 0.05%(如图 1.28 所示)。

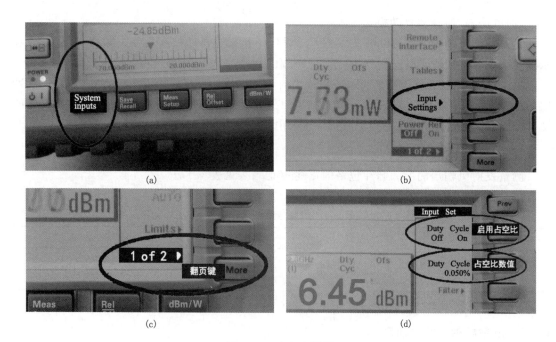

图 1.28 占空比设置

参数说明：

衰减损耗从发射机机柜顶部定向耦器 1DC1 的正向耦合端开始计算，耦合器耦合度(35.8 dB)＋固定衰减(37 dB)＋电缆损耗(2.5 dB)＋其他损耗(0.5 dB)≈75.8 dB。而发射机的峰值功率要求不低于 650 kW，换算即 10lg(650 kW/1 mW)＝88 dBm，N8481A 功率计探头的最大可探测功率为 20 dBm，88 dBm－75.8 dBm＝12.2 dBm＜20 dBm，可见衰减足够，不会烧坏功率计探头。

发射机峰值功率范围 650～700 kW (88.1～88.5 dBm)。

占空比计算公式为：

$$D = \frac{\tau}{PRT} \times 100\% = \tau \times PRF \times 100\% = 1.57 \times 10^{-6} \times 322 \times 100\% \approx 0.05\% \quad (1.1)$$

其中，D 为占空比；τ 为脉冲宽度，单位为 μs，应该转换为 s 计算，窄脉冲应取 1.57 μs；PRF 为脉冲重复频率，单位为 Hz，示例中取 322 Hz；PRT 为脉冲重复时间，单位为 s。

4)在发射机控制面板 3A1 上将"遥控"切换为"本控"，"自动"切换为"手动"(如图 1.29a 所示)，合上配电板 3N1 上的空气开关 Q1(如图 1.29b 所示)，待 3A1 控制面板上状态指示栏的"准加"指示灯亮了之后，按下控制面板上操作栏的"高压开"按钮，此时发射机输出高频脉冲，功率计上显示的值即为发射机输出功率值。

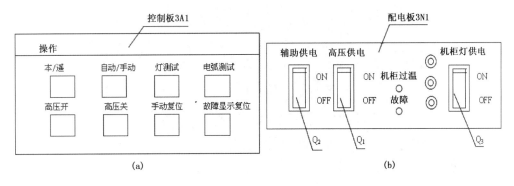

图 1.29 发射机面板

(2)方法二：机内功率测量

该测量结果在 RDASC 运行第一个 0.5 度以后即可在 Performance 中查找发射机功率读数。

1.2.2.2 发射射频脉冲功率参数记录(见表 1.2)

测量仪表：功率计型号：AGILENT E4418B

定向耦合器耦合度(dB)：35.8

固定衰减器(dB)：37

测试电缆(dB)：2.5

其他(dB)：0.5

总损耗(dB)：75.8

表 1.2　射频功率测量数据

F(Hz)	$\tau(\mu s)$	D(‰)	P_t(kW)
322	1.56	0.50	660
857	1.56	1.34	685
1282	1.56	2.00	679
322	4.58	1.47	654
446	4.58	2.04	658

注:F 为重复频率,D 为工作比,P_t 为计入总损耗后折算的脉冲功率。

脉冲功率平均值(kW):667。

1.2.3　高频激励器

发射机控制面板选择本控/手动,在高频激励器 3A4 输出端通过射频电缆接 40 dB 衰减,再通过转接头接入检波器最终接到示波器,在 RDASOT 测试平台发射脉冲并选择 322 Hz 的 PRF,调整示波器至显示波形如图 1.30 所示。

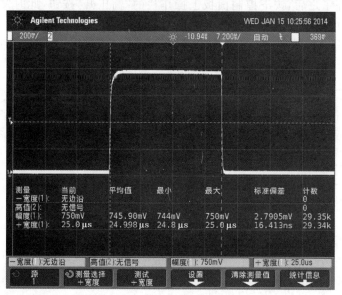

图 1.30　3A4 输出

需要注意的是:

(1)由于 3A4 在油箱组件内充电变压器的前端,所以测量 3A4 无须加高压。相反,测人工线、束脉冲等,由于测量点在充电变压器后端,故测量人工线和束脉冲等需加高压测试。

(2)3A4 和 3A5 均有两个输出口,一个是直接输出,一个是耦合输出。这两个要分清。耦合输出的话(相当于已经加了衰减器),如果在耦合输出端再加衰减器,则示波器可能测试不到信号。

(3)检波器要求输入信号不大于 10 mW(即 10 dBm),3A4 输出功率为 48 W 左右,换算为 $10\log(48000 \text{ mW})=46.8$ dBm,可见 3A4 输出功率远大于检波器最大可承受范围,因此,必须在输出信号进入检波器前加足够的衰减。如果加 30 dB 衰减,则有 46.8 dBm−30 dB=16.8 dBm>10 dBm,理论上可能会损坏检波器,所以测量 3A4 输出最好加 40 dB 衰减,46.8 dBm−

40 dB＝6.8 dBm＜10 dBm。

3A4 输入参考值

高频输入 XS2：峰值功率 10 mW＝10 dBm，脉冲宽度 10 μs。

3A4 输出参考值

高频输出 XS4：峰值功率≥48 W＝46.8 dBm，顶降≤10％。

1.2.4　高频脉冲形成器

测试平台发射脉冲并选择 PRF，发射机控制面板选择本控/手动，在 3A5 输出端通过射频电缆接 30 dB 衰减，再通过转接头接入检波器最终接到示波器，点击测试平台 start 按钮发射 322 Hz 窄脉冲，调整示波器直至显示波形如图 1.31 所示。

需要注意的是：

(1)由于 3A5 同样在油箱组件内几个变压器的前端，因此，测量 3A5 仍无须加高压。

(2)3A5 输出只有 15 W 左右，无需加 40 dB 衰减，30 dB 足够。

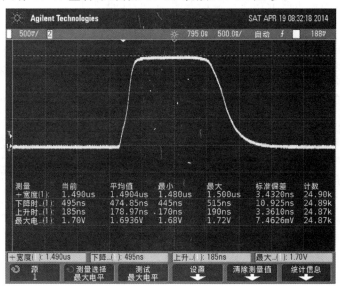

图 1.31　3A5 输出

3A5 输入参考值

高频输入 XS2：峰值功率≥48 W＝46.8 dBm，脉冲宽度 10 μs。

3A5 输出参考值

高频输出 XS3：峰值功率≥15 W＝41.8 dBm，窄脉宽 1.47～1.67 μs，宽脉宽 4.5～5.0 μs。倘若输出脉宽达不到要求或是脉宽变窄(能量减少，直接导致功率下降)，意味着 3A5 性能降低，应调整 3A5XS1 上的滑动变阻器来调整对应宽窄脉冲的宽度或更换 3A5，具体是调宽脉冲还是窄脉冲旋钮根据测试平台所发脉冲来定。

1.2.5　灯丝电源

由于灯丝电源输出是模拟信号，不是微波检波出来的信号，所以不需加检波器，用示波器探头勾住输出端即可测量(如图 1.32 所示)。测试时在 RDASOT 测试平台发射脉冲并选择

322 Hz 的 PRF,发射机控制面板选择本控/手动,无须加高压,测试平台点击 Start 开始测量。

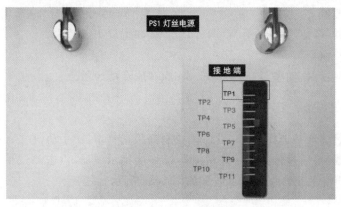

图 1.32　灯丝电源测试点

灯丝电源关键点输出波形及参考数据如图 1.33、1.34 所示。

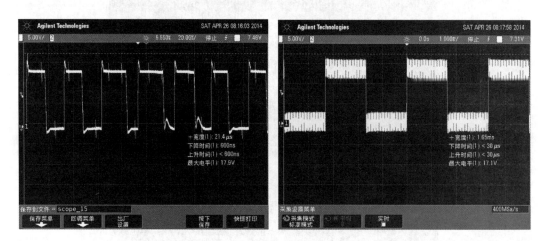

图 1.33　灯丝电源 TP5 输出   图 1.34　灯丝电源 TP7 输出

1.2.6　灯丝中间变压器

同测量灯丝电源输出一样,灯丝中间变压器输出也是模拟信号,所以直接用示波器探头勾住输出端即可测量。灯丝中间变压器输出在发射机中门,拧开油箱接口组件面板,里面的 E2、E3 端口即为灯丝变压器输出。测试时在 RDASOT 测试平台发射脉冲并选择 322 Hz 的 PRF,发射机控制面板选择本控/手动,无须加高压,测试平台点击 Start 开始测量,调整示波器按钮直至显示波形如图 1.35 所示。

1.2.7　开关组件

RDASOT 测试平台发射脉冲并选择 322 Hz 的 PRF,发射机控制面板选择本控/手动,直接使用示波器探头测量。对 14 所生产的 3A10,ZP1 输出充电触发(来自信号处理器),ZP10 是接地端;对 Metstar 生产的 3A10,ZP1 输出充电触发(来自信号处理器),ZP6 是接地端。

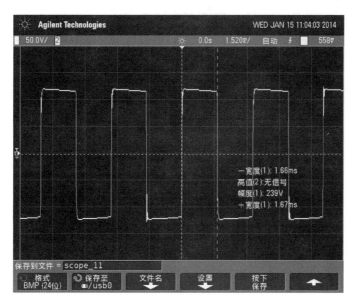

图 1.35　灯丝中间变压器输出

以 14 所生产的 3A10 为例,除 ZP1 测量无须加高压外,其余端口测试均需加高压(如图 1.36所示)。

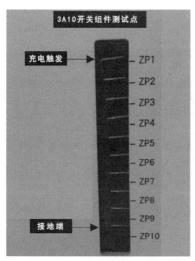

图 1.36　开关组件测试点

1.2.7.1　ZP1 输出

测试项:发射机充电触发信号或差分接收输出信号(ZP1－ZP10 地)。

测试方法:直接测试。

测试结果如图 1.37 所示。

3A10 ZP1 充电触发信号输出幅值在 15 V 左右,脉宽 10 μs 左右,如果 3A10 无输出或波形异常,则可能有以下 3 个原因:无保护器响应;3A10A1 芯片坏;发射机未发触发。

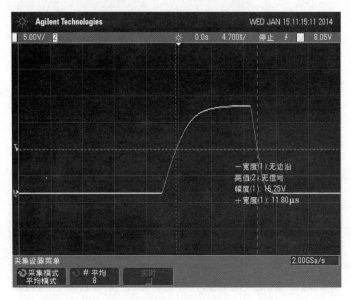

图 1.37　3A10 ZP1 输出

1.2.7.2　ZP2 输出

测试项：充电触发脉冲选择信号或 EXB841 驱动输入信号（ZP2－ZP10 地）。

测试方法：加高压测试。

测试结果如图 1.38 所示。

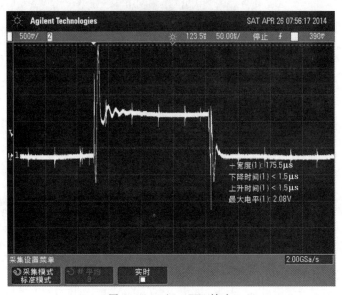

图 1.38　3A10 ZP2 输出

1.2.7.3　ZP3 输出

测试项：充电电流取样信号波形（ZP3－ZP10 地）。

测试方法：加高压测试。

测试结果如图 1.39 所示。

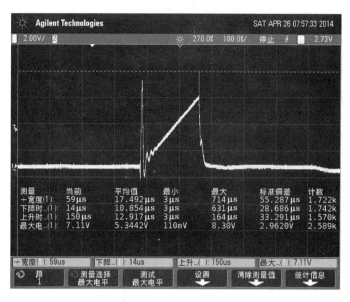

图 1.39　3A10 ZP3 输出

1.2.7.3　ZP4 输出

测试项:充电电流取样信号波形(ZP4－ZP10 地)。

测试方法:加高压测试。

测试结果如图 1.40 所示。

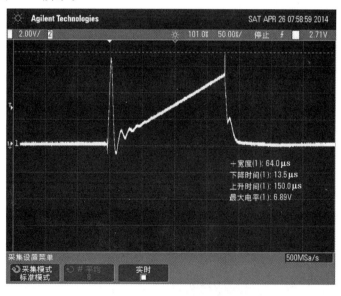

图 1.40　3A10 ZP4 输出

1.2.7.4　ZP5 输出

测试项:人工线充电电压取样波形(ZP5－ZP10 地)。

测试方法:加高压测试。

测试结果如图 1.41 所示。

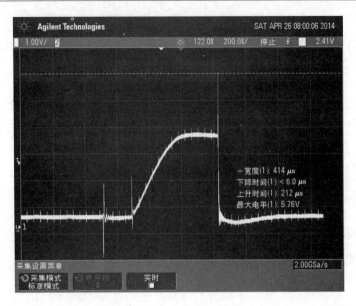

图 1.41　3A10 ZP5 输出

1.2.7.5　ZP6 输出

测试项：人工线充电电流取样波形（ZP6－ZP10 地）。

测试方法：加高压测试。

测试结果如图 1.42 所示。

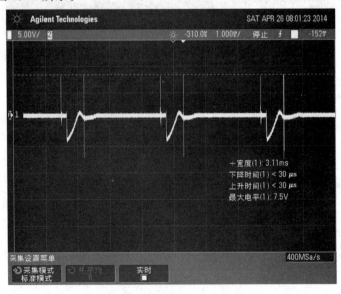

图 1.42　3A10 ZP6 输出

1.2.7.6　ZP7 输出

测试项：人工线充电电压取样，过压灯亮报警（ZP7－ZP10 地）。

测试方法：加高压测试。

测试结果如图 1.43 所示。

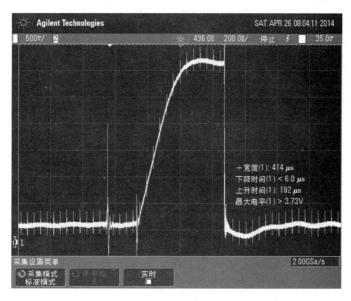

图 1.43　3A10 ZP7 输出

1.2.7.7　ZP9 输出

测试项:充电电流取样信号或充电回路霍尔传感器采样信号(ZP9－ZP10 地)。

测试方法:加高压测试。

测试结果如图 1.44 所示。

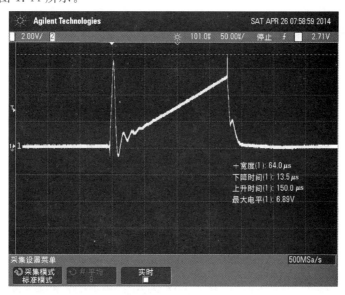

图 1.44　3A10 ZP9 输出

1.2.8　触发器

对 14 所生产的 3A11,ZP15 输出放电触发,ZP1 是接地端;对 Metstar 生产的 3A11,ZP4 输出放电触发,ZP1 是接地端。

以14所生产的3A11为例,除ZP2、ZP3测量无须加高压外,其余端口测试均需加高压,直接使用示波器探头测量。

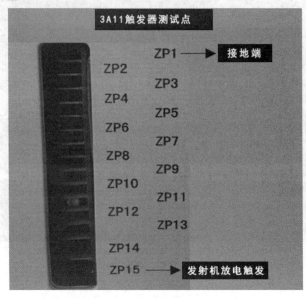

图1.45　3A11测试点

1.2.8.1　ZP2输出

测试项:触发差分信号波形(ZP2-ZP1地)。

测试方法:直接测试。

测试结果如图1.46所示。

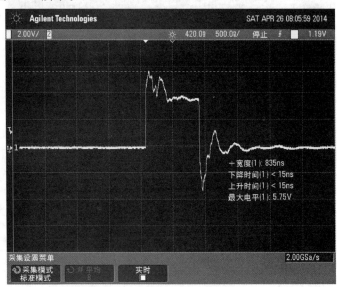

图1.46　3A11 ZP2输出

1.2.8.2　ZP3输出

测试项:触发差分信号波形,与ZP2相反(ZP3-ZP1地)。

测试方法:直接测试。

测试结果如图 1.47 所示。

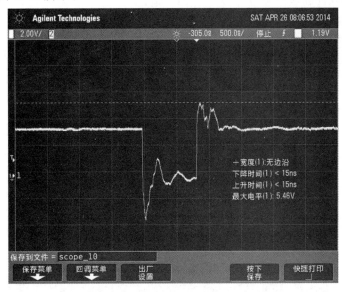

图 1.47 3A11 ZP3 输出

1.2.8.3 ZP5 输出

测试项:场效应管 V1 驱动输入信号(ZP5-ZP1 地)。

测试方法:加高压测试。

测试结果如图 1.48 所示。

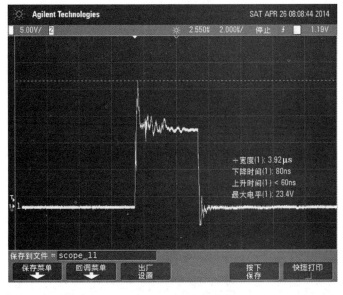

图 1.48 3A11 ZP5 输出

1.2.8.4　ZP6 输出

　　测试项:调制脉冲初级电流取样(ZP6－ZP1 地)。

　　测试方法:加高压测试。

　　测试结果如图 1.49 所示。

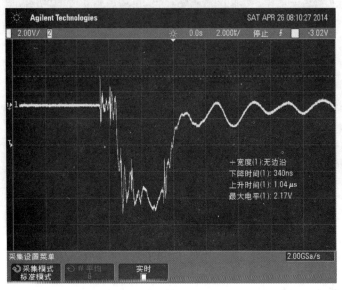

图 1.49　3A11 ZP6 输出

1.2.8.5　ZP15 输出

　　测试项:ZP15 为 SCR 触发信号(发射机放电触发信号),－200V 左右(ZP15－ZP1 地)。

　　测试方法:加高压测试。

　　测试结果如图 1.50 所示。

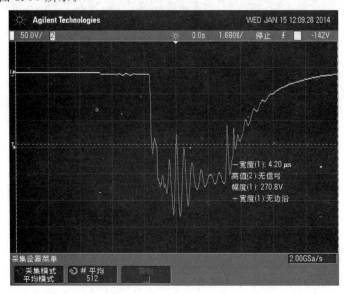

图 1.50　3A11 ZP15 输出

若 3A11 发射机放电触发信号 ZP15 无输出或波形异常,则可能有以下 2 个原因:发射机无触发;3A11A1 电路板故障。

1.2.9 调制组件

测试项:人工线电压波形 PFN。测试点:3A12 调制组件 XS6(如图 1.51 所示)。测试方法:加高压测试。

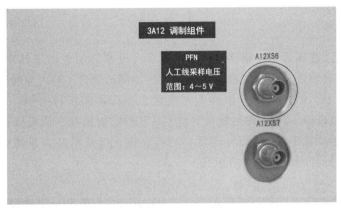

图 1.51　人工线电压采样点

测试平台发射脉冲并选择 PRF,发射机控制面板选择本控/手动,无须检波器,用 BNC 线缆接至示波器测试通道 CH1 或 CH2,示波器匹配 1 MΩ,在 RDASOT 平台发射机选项发射脉冲,合上高压开关 Q1,待发射机控制面板 3A1 上"准加"指示灯亮,手动按下"高压开",调整示波器旋钮直至显示测试波形(如图 1.52 所示)。

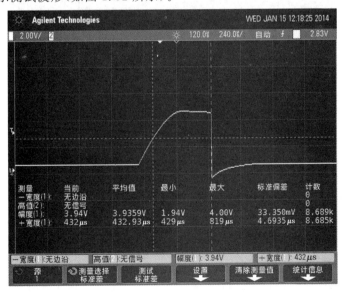

图 1.52　3A12 调制组件人工线充电波形

人工线采样电压幅值范围 4~5 V,若 3A11 发射机放电触发信号 ZP15 无输出或波形异常,则可能有以下 3 个原因:调制器 3A12 故障;3A10 故障;3A11 故障。

　　注意:调人工线电压时,不要以3A1控制面板上显示的值为准,因为控制面板误差很大。应通过示波器来确定具体电压,方法是:用示波器测量人工线3A12XS6采样波形,按下屏幕右边的光标Cursor,在屏幕下方选择坐标X1或Y1,按下屏幕右边位置旋钮,调整参考线至零参考点,在屏幕下方选择坐标X2或Y2,按下右边位置旋钮调整参考线至波形最高点,在示波器上读取差值(在测试参数里选择),此值乘以1000 V得到人工线实际电压值(此点采样比例为1000∶1)。

1.2.10　束脉冲波形

　　当需要测试输入速调管的包络在时间上是否套在速调管阴极的束脉冲之中时,需要将可变衰减器输出通过射频线、衰减器、检波器接至示波器测试通道CH1,将束脉冲取样信号接至示波器测试通道CH2,束电压脉冲取样点在发射机中门油箱组件右侧3000 V电压后面的BNC接口。RDASOT测试平台发射脉冲并选择PRF,发射机控制面板选择本控/手动,合上Q1且准加灯亮再手动按下"高压开",调整示波器旋钮直至显示输入速调管的高频脉冲包络和速调管阴极的束脉冲(如图1.53所示)。

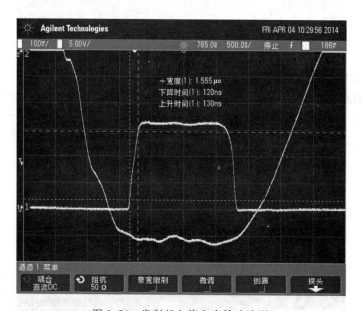

图1.53　发射机包络和束脉冲波形

　　当可变衰减器输出功率超过7.5 W时,可能会影响到脉冲功率达不到指标,此时可调整可变衰减器滑动旋钮,使功率变为7.5 W;当速调管输入高频脉冲包络在时间上没套在束脉冲之中或者包络波形不好时,也会影响到速调管的放大倍数进而影响到脉冲功率指标,此时需要通过以下两个方面的调整:

　　(1)射频包络波形不好,调整速调管腔体。参照检波包络波形,利用调谐工具,微调腔体,边观察检波包络波形,边用速调管调谐工具微调各腔体。

　　1)先调谐第一腔和第六腔,获最大检波包络脉冲幅度。在获较佳波形前,可根据需要,适当减小衰减器3AT1衰减量。

　　2)再调谐第二腔。先调出最大检波包络脉冲幅度,然后反时针调谐至刚刚看到脉冲幅度明显减小为止。

3)之后调谐第三腔。先调出最大检波包络脉冲幅度,然后反时针调谐至刚刚看到脉冲幅度明显减小为止。

4)最后调谐第四腔和第五腔。在脉冲前后沿以及平顶部分,不出现振荡、畸变、间断的前提下,调出最大检波包络脉冲幅度。

(2)当射频包络波形宽度达不到要求指标(窄脉冲宽度:1.47~1.67 μs;宽脉冲:4.5~5.0 μs)时,应调整 3A5 上的滑动变阻器来调整对应宽窄脉冲的宽度(具体是调宽脉冲还是窄脉冲旋钮应根据测试平台所发脉冲来定)。

1.3 总结

(1)综上可以看出测量接收机通道增益与测量发射机增益的最大区别是,前者在 RDA 软件平台上发送的是 CW 连续波,后者发送的是脉冲,所以后者需要在功率计上设置占空比、工作频率和衰减补偿等参数,而前者不需要。

(2)测量微波检波出来的信号,需加检波器,但凡使用检波器的,比如测量射频线缆、同轴电缆、SMA 头、N 型头等输出信号,示波器必须用 50 Ω 匹配;测量普通模拟波形的,示波器匹配 1 MΩ 电阻,像灯丝中间变压器输出、3A10、3A11 输出,这些信号都是模拟信号,无须使用检波器,直接用示波器探头勾住输出端,表笔接地即可。

(3)测量发射机输出时需不需要加高压的问题

用示波器测量发射机各组件输出波形时,除 3A4,3A5,3A10 的 ZP1,3A11 的 ZP2、ZP3、灯丝电源和灯丝中间变压器等输出无须加高压外,测发射机各组件所有输出都需要加高压!或者可以这么理解,测发射机测触发类的不需要加高压,测使能类和工作状态的均需要加高压。

(4)关于线缆类型的问题

发射机机柜顶耦合器耦合出来的线缆为 N 型射频电缆(较粗),连接频综 4A1 及 3A4、3A5 等输出的线缆为 sma 射频电缆(较细),连接到示波器通道的线缆为 BNC 线缆,连接射频线与功率计探头的为 sma 转 N 型转接头。

(5)关于测试平台的参数设置问题

在测量以上关键点参数时,rdasot 测试平台的 parameter settings 里不能勾选 PSP 和 DCU 的模拟器选项(PSP Simulator 和 DCU Simulator),否则示波器和功率计均无法利用 rdasot 平台完成测试!

2　雷达系统维护方法

2.1　周维护

2.1.1　噪声系数

指标要求:噪声系数≤4.0 dB,接收机噪声系数可用外接噪声源和机内噪声源两种方法测量,受仪器限制,台站一般采用机内测试,但两种方法测量的差值应≤0.2 dB。

机内测试方法:

(1)获取噪声温度:在 RCW(Radar Control Window)窗体点击 Performance 菜单进入 RDA Performance 窗体,点击窗体左边 Receiver/Signal Processor 菜单,其中 System Noise Temperature 项对应值即为噪声温度值。

(2)利用换算公式 $N_F=10\lg[T_N/290+1]$ 将噪声温度 T_N 转换为噪声系数 N_F,也可利用软件 prjMain.exe 来计算(输入噪声温度即可)。

2.1.2　相位噪声

相位噪声可由两种方法获得。

方法一:RDASC 自行标定或离线标定。

启动 RDASC,标定结束自动产生 IQ62 文件,在 computer/filesystem/opt/rda/log/date－IQ62.log 文件中 SQUARE ROOT 值即为相位噪声值。

如图 2.1a 所示,相位噪声即为 0.042°。

方法二:RDASOT 测试平台手动测试。

在 RDASOT 测试平台点击 Phase Noise 下的 Result 菜单,点击一次 Test 按钮可手工测量一次,可以得到相位噪声、滤波前后地物抑制等数据(如图 2.1b 所示)。

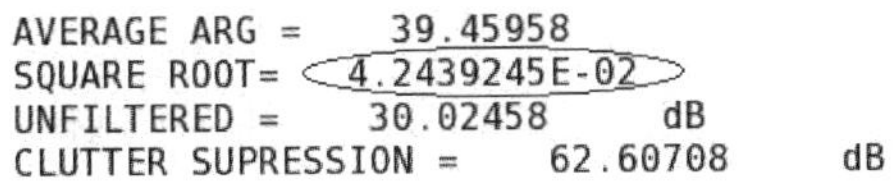
```
AVERAGE ARG =      39.45958
SQUARE ROOT=  4.2439245E-02
UNFILTERED =     30.02458      dB
CLUTTER SUPRESSION =    62.60708      dB
```

(a)

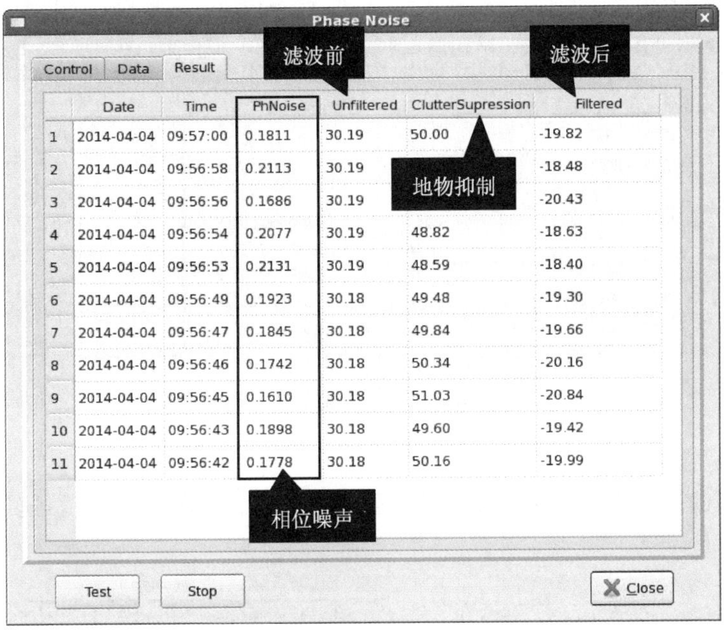

	Date	Time	PhNoise	Unfiltered	ClutterSupression	Filtered
1	2014-04-04	09:57:00	0.1811	30.19	50.00	-19.82
2	2014-04-04	09:56:58	0.2113	30.19		-18.48
3	2014-04-04	09:56:56	0.1686	30.19		-20.43
4	2014-04-04	09:56:54	0.2077	30.19	48.82	-18.63
5	2014-04-04	09:56:53	0.2131	30.19	48.59	-18.40
6	2014-04-04	09:56:49	0.1923	30.18	49.48	-19.30
7	2014-04-04	09:56:47	0.1845	30.18	49.84	-19.66
8	2014-04-04	09:56:46	0.1742	30.18	50.34	-20.16
9	2014-04-04	09:56:45	0.1610	30.18	51.03	-20.84
10	2014-04-04	09:56:43	0.1898	30.18	49.60	-19.42
11	2014-04-04	09:56:42	0.1778	30.18	50.16	-19.99

(b)

图 2.1 相位噪声结果

2.1.3 雷达强度/速度自动标校检查

(1)反射率强度定标方法

利用机内信号源对回波强度定标检验。运行 RDASOT 测试平台的 Reflectivity Calibration,选择 Calibration,选择 Internal Test,点击 Start,RDASC 自动运行标定程序,找出实测值与期望值的最大差值即可完成定标检验。如图 2.2 所示,最大差值为−0.59 dBZ。

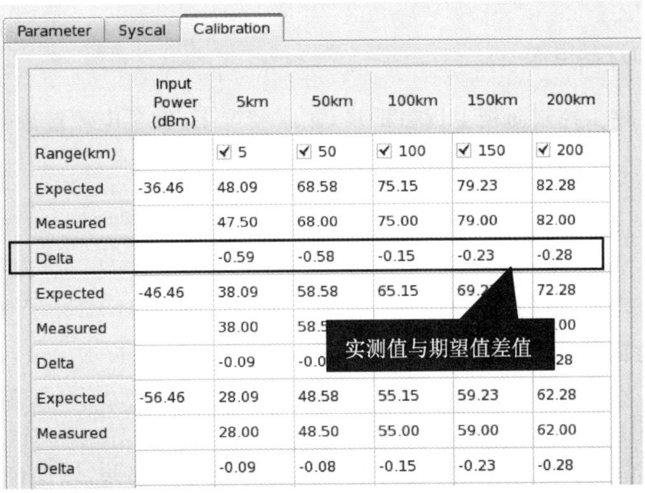

	Input Power (dBm)	5km	50km	100km	150km	200km
Range(km)		5	50	100	150	200
Expected	-36.46	48.09	68.58	75.15	79.23	82.28
Measured		47.50	68.00	75.00	79.00	82.00
Delta		-0.59	-0.58	-0.15	-0.23	-0.28
Expected	-46.46	38.09	58.58	65.15	69.2	72.28
Measured		38.00	58.5			.00
Delta		-0.09	-0.0			28
Expected	-56.46	28.09	48.58	55.15	59.23	62.28
Measured		28.00	48.50	55.00	59.00	62.00
Delta		-0.09	-0.08	-0.15	-0.23	-0.28

图 2.2 反射率强度标定

（2）径向速度定标检验

采用机内测试信号经移相器后注入接收机，变化每次发射脉冲时的注入信号初相位对雷达测速定标进行检验。如图 2.3 所示。径向速度定标检验结果填最大值为 0.0 m/s。

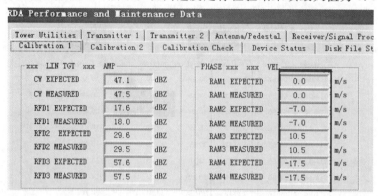

图 2.3　径向速度定标检验

（3）速度谱宽检验

应用机内测试信号相位的变化对速度谱宽进行检验。如图 2.4 所示，速度谱宽检验填写最大差值为 0.5 m/s。

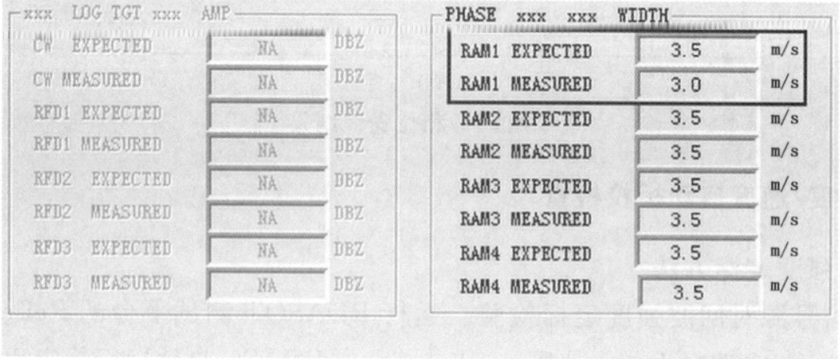

图 2.4　速度谱宽检验

2.1.4　钛泵电流和灯丝电流

直接在发射机 3A1 控制面板上读数即可，正常情况下，钛泵电流接近 0 A，灯丝电流在 28 A 左右。

2.2　月维护

2.2.1　雷达天线空间位置精度与控制精度

2.2.1.1　位置精度

利用太阳的回波强度判定天线方位和俯仰角度的经纬度偏差，以保证在回波图上能正确显示回波的位置，这种方法称为太阳法。

指标要求：方位和俯仰角度偏差小于 0.3°。

（1）测试方法

1）首先确定天线能正常运行，RDA 电脑时间要保持与北京时间一致，必要时可拨打电话"区号＋12117"与北京时间对时，而由于此方法受太阳角度影响，一般在太阳角度为 20°～50° 之间做太阳法标定。

2）运行 RDASOT 中的 Sun Calibration，选择 Setting 将雷达站点的经纬度设置正确（经纬度为度分秒的格式，与 PUP 产品上显示的经纬度一致）。

3）测试平台参数设置：按图 2.5 设置好参数选择。

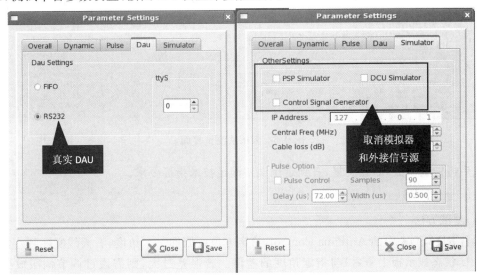

图 2.5　测试平台参数设置

如果选择 FIFO，则是表示使用模拟 DAU，做太阳法应用真实天线，所以这里选用真实 DAU（使用 RS232 串口）。另外需取消 DCU 和 PSP 的模拟，即不勾选 PSP Simulator 和 DCU Simulator。控制信号源（Control Signal Generator）是表示是否用外接信号源来做动态测试，一般不用此方法，所以也不勾选。如果不按照上述选择，则无法完成位置精度的测试。

4）回到 Sun Calibration 界面（如图 2.6 所示），点击 Start，则系统自动进行计算，Result 框内（方位角度，俯仰角度）为计算结果，另外还可以得到波束宽度的计算结果。如果以上参数都设置正确却依旧无法完成太阳法，那么有可能是方位或俯仰的误差过大以至于找不到太阳。比如在 Sun Settings 中的 AZ Scan Range（方位扫描范围）一开始设置为 4°或 6°，而真实方位误差超过 7°，那么太阳法就无法完成，此时应该适当增大方位扫描范围，比如设置为 9°，如果真实误差在 9°以内就能够完成太阳法。

（2）调整方法

倘若误差大于 0.3，应用 DCU 单元数字板方位拨码开关进行调整。调整方法如下：

方位误差过大应调整 DCU 数字板（AP2）的 SA1、SA2 方位拨码开关，SA1 为粗调、SA2 为微调；俯仰误差调整 AP2 俯仰拨码开关 SA3、SA4，SA3 粗调、SA4 微调。当误差为正数时，则在原误差的基础上加该数值，反之减去。太阳法完成后，天线会回到正北位置，如果太阳法结果如图 2.6 所示，则应调整 SA1、SA2 使 DCU 的轴角显示板正确显示为 0.04＋7.16＝7.2，

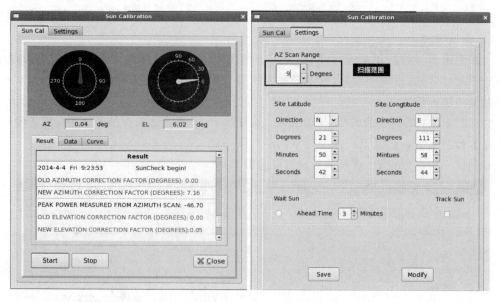

图 2.6　太阳法测试界面

调整完后再做太阳法,如此反复,直到定位误差满足技术指标要求。

2.2.1.2　控制精度

(1)测试方法

运行 RDASOT 中的 Antenna Control,给定方位或俯仰一个角度,看天线实际到达的角度(在 DCU 状态显示板上查看)与指定角度的差值。若误差过大,则需通过调节伺服放大器中增益电位器以确保系统控制精度,具体调整方法为:若方位控制精度误差过大,则应调整 DCU 模拟板 RP3 电位器,若俯仰误差过大,则应调整 RP11 电位器,注意顺逆调整的效果。

(2)参数记录(见表 2.1)

表 2.1　天线控制精度参数记录

方位			仰角		
设置值(°)	指示值(°)	差值(°)	设置值(°)	指示值(°)	差值(°)
0	359.98	−0.02	0	0.01	0.01
30	30.04	0.04	5	5.07	0.07
60	60.01	0.01	10	10.08	0.08
90	90.03	0.03	15	15.09	0.09
120	120.04	0.04	20	20.10	0.10
150	150.01	0.01	25	25.10	0.10
180	180.03	0.03	30	30.03	0.03
210	210.04	0.04	35	35.09	0.09
240	240.01	0.01	40	40.05	0.05
270	270.03	0.03	45	45.06	0.06
300	300.04	0.04	50	50.07	0.07
330	330.01	0.01	55	55.10	0.10

表 2.1 中方位角均方根误差为 0.029°,仰角均方根误差为 0.076°。

2.2.2 系统相干性检查

系统相干性采用 I、Q 相角法,将雷达发射射频信号经衰减延迟后注入接收机前端,对该信号放大、相位检波后的 I、Q 值进行多次采样,由每次采样的 I、Q 值计算出信号的相位,求出相位的均方根误差 σ_φ 来表征信号的相位噪声。在验收测试时,取 10 次相位噪声 σ_φ 的平均值来表征系统相干性。

指标要求:S 波段雷达相位噪声≤0.15°。

系统相干性的测试方法与测量结果同相位噪声完全一样。

2.2.3 动态范围

2.2.3.1 测试方法

(1)模拟天线

首先关闭高压和伺服强电,在 RDASOT 的 Parameter Settings 中选中 DCU Simulator 模拟器,RDASOT 平台选择 Dynamic Range。注意必须把 Parameter Setting 中的控制信号源的 √ 去掉(这是用外接信号源来做动态才会用到的),然后 dBZ、Inside,然后点击 Auto Test 即可完成动态测试。

(2)真实天线

测试时不能关闭高压和伺服强电,必须关闭 DCU 模拟器。

2.2.3.2 测试数据

(1)文本数据保存在 computer/filesystem/opt/rda/log/Dyntest_date.txt 文件中。

(2)动态特性曲线(如图 2.7 所示)

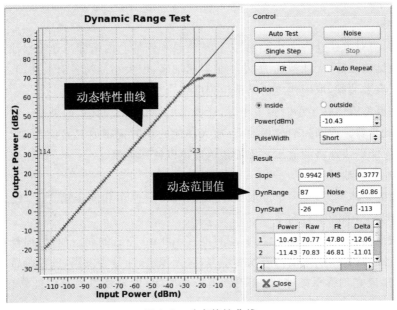

图 2.7 动态特性曲线

2.3　年维护

2.3.1　放油与灌油

　　无论是放油还是灌油，都要用到油泵，以加快放油、灌油的速度。油泵有进油口和出油口，进油口在油泵的下方（水平朝向），出油口在油泵的上方（垂直朝向）（如图 2.8a 所示），接好油管后的油泵实物图如 2.8b 所示。在油泵使用前，先确保油泵里灌满油。如果油泵的风页箱没有灌满油，则油泵是无法将油泵上去或者抽下来的。

图 2.8　油泵

　　需换油的部分一共有 3 处，分别是大油池（包括小油池）、方位减速箱、俯仰减速箱。前两者都在汇流环所在的方位仓内，后者在俯仰箱里。

2.3.1.1　放油

年维护时，需对方位仓内大小油池、方位减速箱和俯仰仓内俯仰减速箱换油。

　　大小油池结构相通，大油池加满，小油池必然加满，但大小油池各有放油阀，需各自单独放油。两者都没有溢油阀，取而代之的是油位刻度线。

　　放油前需要将雷达转半小时到一小时，让内部沉淀物浮于油中，如果雷达在连续正常工作时，可以省去此步骤。放油一般使用油管（放大油池的油时记得要打开大油池上方的盖板，保持空气流通，才能更快地将油放出），想加快速度可以使用油泵。

　　（1）大油池的放油

　　在方位油池壳体下方，有两个放油阀，主放油阀在减速箱和同步箱之间，残油阀在方位减速箱安装法兰盘上，油嘴垂直向下。

　　方位大油池油质检查：打开残油阀，用容器接 100 ml 左右的润滑油，仔细查看放下的润滑油里面有没有细的铁屑，油里面污染物多不多，有无积水，油是否发黑，放油是否通畅等。如发现油内有铁屑，应立刻拆下减速箱，查看铁屑产生原因；发现油里面有污染物和积水，油很黑等，应及时进行清洗，更换新的润滑油。

　　放油时，油管的一端接大油池的放油阀（如图 2.9 所示），另一点接油泵的进油口，利用油泵将油池里面的油抽出来。同时，打开大油池上方的盖板（如图 2.10 所示），以便空气流通，更快地将油抽出。

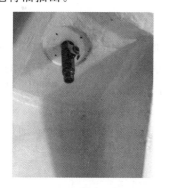

图 2.9　大油池放油阀

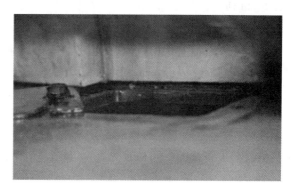

图 2.10　大油池盖板

（2）小油池的放油

用一细管接小油池的放油阀（如图 2.11 所示）。因为小油池的油量较少，故不需要用油泵去抽。

图 2.11　小油池放油阀

（3）减速箱的放油

方位减速箱的放油：用细管接减速箱的放油阀即可进行放油，方位减速箱的油阀位置如图 2.12 所示。俯仰减速箱的放油：直接拧开放油阀，下方用一容器装废油（如图 2.13 所示）。

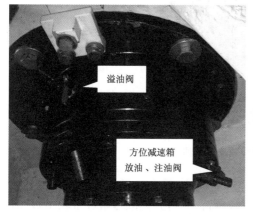

图 2.12　方位减速箱油阀位置

图 2.13　俯仰减速箱放油阀位置

2.3.1.2　灌油

　　(1)大小油池的灌油

　　大小油池在结构上是相通的,只是小油池在大油池下方,油位更低,所以在灌油的时候只需将大油池灌满就可以。大油池的容积大概是 40～50 L,大气探测技术中心一般提供的油桶容积为 20 L(如图 2.14 所示),将大油池灌满需要 2.5 桶的油。润滑油有 100 号、150 号、220号等多种型号,型号越大表示油性越稠。雷达站一般建议采用 150 号油。

　　灌油时,将大油池上方的挡板打开,通过油泵将油抽进去,并要不时观察油位。油位大概加到平均线与上限线的中间位置为准(如图 2.15 所示)。

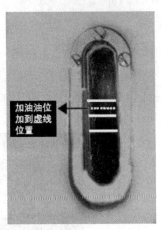

图 2.14　雷达专用机油　　　　　　图 2.15　大油池油位刻度线

　　(2)俯仰减速箱的灌油

　　俯仰减速箱灌油可以采用油泵,不过由于减速箱容量较小,灌油时要密切注意溢油阀的状态,用油泵泵油很快就能灌满,溢油阀一旦有油流出,则说明减速箱的油已满,应立即关掉油泵。也可不使用油泵,先打开俯仰减速箱上的方形螺丝,即俯仰减速箱的加油口(如图 2.16 所示),再把溢油阀打开,缓慢地向加油口里灌油,直至溢油阀有油溢出。

图 2.16　俯仰减速箱加油口

　　(2)方位减速箱的灌油

　　方位减速箱灌油需使用油泵进行。与俯仰减速箱一样,方位减速箱容量较小,泵油时要密切注意溢油阀的状态,一旦有油流出,则说明减速箱的油已加满。

2.3.2 天线座的润滑

打开俯仰箱门,找到在俯仰箱内的注润滑脂的油杯组合装置,一排有 8 个加油嘴,连接俯仰两侧大轴承(如图 2.17 所示)。

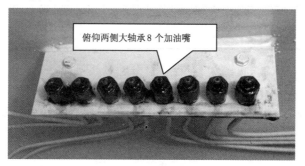

图 2.17　大齿轮油嘴组合

将高压油脂枪加满润滑脂,把油枪头部的放气阀打开,将油枪内空气排尽,就可打出润滑脂来。分别在俯仰角 0°、30°、60°、90° 4 个位置进行手动注油。

关上俯仰出入门,打开左侧俯仰轴承检查盖板,在减速箱输出齿轮支架上,有两个黄色的小注油装置。手动注油,转动俯仰电机手柄,再次将天线转到 0° 左右,把俯仰锁定装置锁定。将润滑脂注到暴露的俯仰大齿轮上,分别在 0°、23°、90° 这 3 个位置进行注油。打开两个俯仰锁定装置,转动俯仰电机手柄,将天线转到下个位置,把俯仰锁定装置锁定。再次将润滑脂注到转过来的大齿轮上,直至将所能转到的部位涂上润滑脂。俯仰是可以在 0°~90° 方向运转,所以在这些角度的齿轮都要涂上润滑脂。因俯仰在 0°~19° 方向进行天线正常体扫运动,所以在这些角度的齿轮要细心涂上润滑脂。

2.3.3 天线座水平度检查

(1)合像水平仪检查水平度方法

1)调节水平仪:调节螺旋钮,俯视水平仪玻璃观察窗,其中线两边各有一个水泡,当调节时,两边水泡半圆周正好拼成一个完整的圆周;

2)将水平仪放置俯仰仓,一般放置于波导附近平台上,先在正北即 0 度位置,观察水平仪是否出现圆周,若无则需调节旋钮,至圆周出现时读数;

3)顺时针推动天线到 45°,调节水平仪,读数,重复推 45°~360° 得到 8 个方位的读数;

4)逆时针推动天线重复第 3 步骤。

水平仪读数方法:以 0 为分界点,顺时针旋转螺旋钮,过 0 为 +;逆时针旋转旋钮,过 0 为 — 或 +100。

指标:水平合像仪测得天线 8 个方向读数对角差值不超过 50″。

如果超出指标,则必须把天线座调水平。调整方法:松开天线座 12 个固定螺栓,根据方位的误差计算值判断天线座哪个方位高哪个方位低,适当地减少或增加垫片,并对天线重新标定直至符合要求为止。

(2)天线水平度参数记录(如表 2.2 所示)

使用仪器:合成影像水准仪,测试人员:_____

测试时间:_____

表 2.2 天线水平度参数测量记录

方位(°)	45	90	135	180	225	270	315	360
顺时针读数	7	−10	−21	−23	−10	5	15	16
逆时针读数	4	−11	−16	−22	−11	4	18	15

第一次读数最大差值为 39″。

第二次读数最大差值为 37″。

图 2.18 为某次天线座方位轴铅垂度测量的数据方位图,圆圈内的数据为顺时针测量值,读数均为格值。

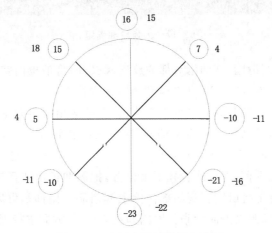

图 2.18 水平度测试数据方位图

在 360°范围内间隔 45°均匀测出 8 个点,取其在 180°方向上两测点差值最大者,然后将差值除以 2,即为方位轴铅垂度误差:

$$f=1/2(M_1-M_2) \tag{2.1}$$

式中,M_1、M_2 分别是 180°方向上两次读数的平均数。

从图 2.18 的检测结果可计算出方位轴铅垂度误差为:

$$f=1/2\{(16+15)/2-[(-23)+(-22)]/2\}\times2''=38''$$

计算结果的正负表示方位轴的倾斜方向,负号表示方位轴向 S 方向倾斜。

(3)天线座的调平

当天线座方位轴铅垂度误差>50″,应对天线座进行调水平工作。

1)找到安装在天线座的底部的三只调平螺栓,旋紧调整螺钉直到顶部接触到塔的安装面,旋松天线座底部安装固定螺栓;

2)初步根据方位数据图的读数,判断天线座的不水平方向;

3)旋紧调平螺钉,进行调平,观察天线座体的水平仪,使得每个气泡在 20″范围内;

4)测量天线座安装法兰 12 个固定螺钉处法兰下沿与安装平面之间的间隙,做好记录,在固定螺钉处适当放置垫片,旋紧固定螺钉;

5)重新测量方位轴铅垂度,若方位轴铅垂度误差>50″时,则重复以上调平步骤。

3　雷达软件安装与配置

3.1　雷达系统软件安装与配置

3.1.1　LINUX 环境下 RDA 计算机软件操作应用

　　与 Windows 相比,Linux 在系统稳定性、安全性、病毒防护能力、应用软件开放性、扩展性、网络功能以及异步/同步多任务体制功能等方面有较大优势。随着世界各国对天气雷达稳定性的要求越来越高,国际上业务天气雷达均要求使用 Linux 的操作系统。根据 CMA 气象探测中心负责组织实施的 ROSE(Radar Operational Software Engineering,新一代天气雷达建设业务软件系统开发项目)系统改造计划,下一阶段推广应用 Linux 平台下研发的 PUP 程序(Primary User Processor)和 RPG 程序(Radar Product Generator)势在必行。所以对于 CINRAD/SA 雷达业务人员而言,熟悉和掌握好 Linux 系统的操作和维护是非常有必要的。本节对 Linux 系统环境下 RDA 计算机的常见操作和 Linux 高频命令的应用做了相应的介绍,以针对性地提高雷达技术保障人员对 RDA 计算机的操作能力。

3.1.1.1　RDA 计算机常见操作

　　(1)网络配置

　　启动网络配置程序,打开一个 terminal,输入命令 neat,选择指定网卡,双击后编辑网络地址,掩码等参数,亦可使用图形界面进行配置。

　　(2)VNC 服务配置

　　重新安装 Linux 系统后使用 VNCVIEWER 远程登录 RDA 发现桌面环境为 TWM(Tab Window Manager,标签窗口管理器,如图 3.1a 所示),该桌面环境较为简单且占用系统资源较少,但对于 Linux 命令不熟的雷达维护人员而言则极不方便。Red Hat 支持两种图形模式:KDE 模式或 Gnome 模式(会占用更多系统资源和网络连接带宽),默认情况下 Red Hat 将 Genome 作为桌面。如果希望使用 Gnome 桌面,则需要修改用户的 VNC 启动配置文件(./.vnc/xstartup)。重新安装 Linux 系统后该文件的默认内容如下:

```
#! /bin/sh
# Uncomment the following two lines for normal desktop:
# unset SESSION_MANAGER
#exec /etc/X11/xinit/xinitrc
[ -x /etc/vnc/xstartup ] && exec /etc/vnc/xstartup
[ -r MYMHOME/. Xresources ] && xrdb MYMHOME/. Xresources
xsetroot -solid grey
vncconfig -iconic &
xterm -geometry 80x24+10+10 -ls -title "MYMVNCDESKTOP Desktop" &
```

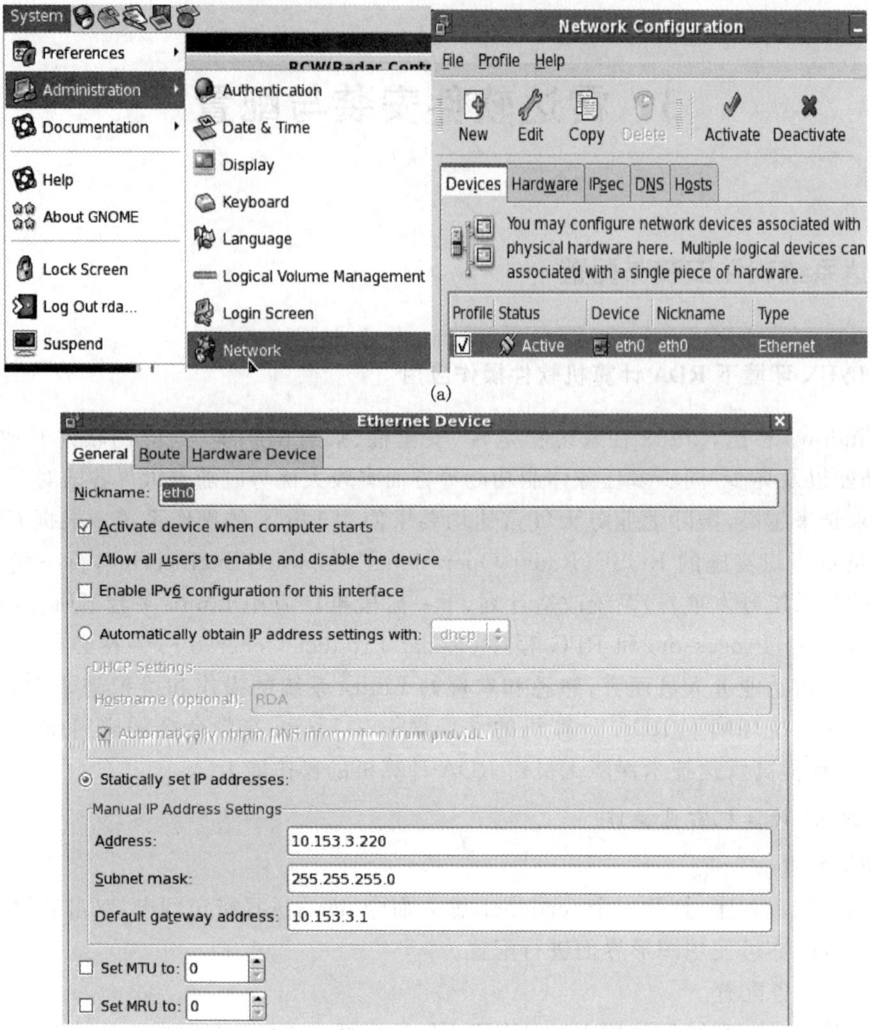

(a)

(b)

图 3.1　网络配置

twm &

可以看出，文件最后两行的作用是启动一个 Xterm 终端，以及 TWM 环境。如果需要使用 Gnome 环境，有以下两种方法：

1)打开 VNC 配置文件（gedit ./.vnc/xstartup）注释掉最后两行，并加入 Gnome 启动程序：

#! /bin/sh

Uncomment the following two lines for normal desktop：

unset SESSION_MANAGER

exec /etc/X11/xinit/xinitrc

[−x /etc/vnc/xstartup] && exec /etc/vnc/xstartup

[−r MYMHOME/. Xresources] && xrdb MYMHOME/. Xresources

xsetroot −solid grey

vncconfig —iconic &

♯xterm —geometry 80x24＋10＋10 —ls —title "MYMVNCDESKTOP Desktop" &

♯twm &

gnome—session &

接着重启 VNC 服务(需要 root 权限)：

［root@RDA ～］♯ service vncserver restart

2)以 RDA 登录后,打开一个终端,运行 MYM Vncserver 命令,初始化 Vncserver,输入密码"rdarda"。打开/home/rda/. vnc/xstartup 文件,将如下两行开始的♯注释符删除。

♯ unset SESSION_MANAGER

♯ exec /etc/X11/xinit/xinitrc

按照上述两种方法之一修改 VNC 配置文件后,使用 VNCVIEWER 远程登录 RDA 可见 Genome 环境(如图 3.2 所示)。

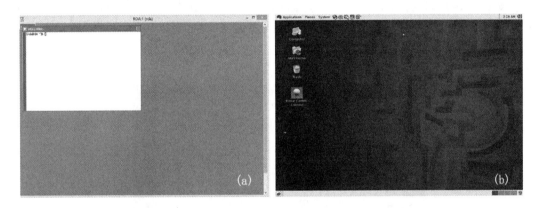

图 3.2 VNC 登录桌面
(a) TWM 窗口;(b) Gnome 桌面

(3)适配参数调整

1)倘若雷达标定结束发现部分指标误差偏大,则需分别调整适配参数对应项：

CW 或反射率强度标定误差过大,调整接收机 R234 项;RFD(速调管输入前端的标定)误差过大,调整接收机 R46 项;KD(发射机经延迟后的输出,在速调管后端)误差过大,调整接收机 R47 项;噪声温度误差过大,调整接收机 R35 项,小于 400 正常,噪声系数要求小于 4 dB(二者之间通过公式换算)。

2)机内功率偏小的调整

机内功率即显示功率,首先查看功率零点有无漂移,若有漂移先调整功率零点;调整完毕后再调整功率系数。

天线功率头零点和发射机功率头零点值正常都在 10～14 范围内,若偏小会导致对应功率也会偏小。如果功率头零点漂移偏大、发射机或者天线功率探头损坏,会导致检测功率输出不稳定甚至下降为零(如图 3.3 所示)。

Performance					
Calibration1	SUMMARY	OK	KLYS CURRENT	OK	
Calibration2	XTMR INOP	OK	KLYS FILAMENT CUR	OK	
Calibration Check	XMTR AVAILABLE	YES	KLYS VACION CUR	OK	
Transmitter1	MAINT MODE	NO	KLYS AIR TEMP	OK	
Transmitter2	MAINT REQD	NO	KLYS AIRFLOW	OK	
Receiver/SP	ANT PK PWR	0. KW	FOCUS COIL AIR FLOW	OK	
Antenna/Pedestal	XMTR PK PWR	0. KW	FOCUS COIL PS	OK	
Device Status	ANT AVG PWR	0. W	FOCUS COIL CUR	OK	
Disk File Status	XTMR AVG PWR	0. W	WG/PEN XFER INTLK	OK	
Tower Utility	M/WAVE LOSS	0.0 DB	CIRCULATOR TEMP	OK	
	ANT PWR METER ZERO	2.0	FILAMENT PS	ON	
	XMTR PWR METER ZERO	5.0	FILAMENT PS VOL	OK	
	XMTR AIR FILTER	OK	+5V PS	OK	
			+15V PS	OK	

图 3.3　功率零漂值

　　天线功率头零点和发射机功率头零点值的调整方法如下：

　　启动 RDASOT，选择 DAU Control，选择 Bytes30-45，用钟表一字螺丝刀插进 5A2 维护面板"功率表"下"天线端"和"发射机端"中调节，顺时针减小，逆时针增大，在 DAU Control 上就会实时显示功率头零点值的变化，分别调到 11 左右即可。再开机观察，正常情况下功率应有明显变化（如图 3.4 所示）。

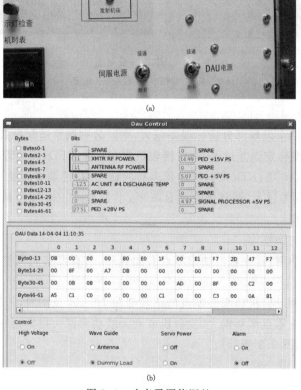

图 3.4　功率零漂值调整

若机内功率值还无明显提升。如果做完上述动作,仍不见改善,则有可能是功率探头损坏的原因引起的,先检查发射机和天线的两个探头接口有无松动,排除接触方面的原因后,更换探头,再做进一步观察。此时可调整功率系数(发射机 TR9、TR10 项),发射机机内功率调整系数对应 TR9(SCALE FACTOR TO CONVERT XMTR POWER SHORT),天线机内功率调整系数对应 TR10(SCALE FACTOR TO CONVERT ANT POWER SHORT)(如图 3.5 所示)。调整系数=需要调到的值/现在显示的值×现在的调整系数。

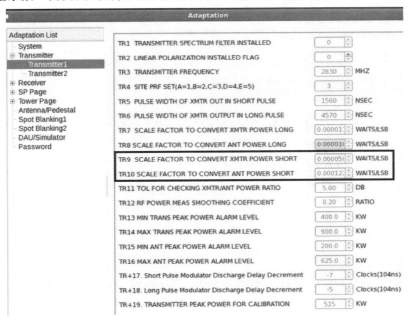

图 3.5　功率调整系数

(4)文件共享

RHEL5.6 系统已经预设了/opt/rda 目录和 Home 目录共享,用户可以在 Windows 上打开 Rdasc 的文件共享。打开文件浏览器,在地址栏输入\rdasc_ip;在 Linux 上使用 SMB 打开 Windows 共享,在地址栏输入 smb://Win Ip。

(5)存档 DBT 数据与 IQ 数据

通常情况下,DBT 和 IQ 数据在雷达台站并不要求保存。如果有科研需要,可按图 3.6 所示方法保存。

1)DBT 数据:在 RCW(Radar Control Window)窗体点击 Control 菜单下的 Basedata Format Settings,在窗体中勾选 Archive dBT instead of dBZ 选项并确定。再点击 Control 菜单下的 Archive A 选项,即可存取 DBT 数据。

2)IQ 数据:在 RCW 窗体点击 Control 菜单下的 Archive IQ 选项,可在窗体中选择存取 IQ 数据的数目(如图 3.6 所示)。

(6)在 windows 上控制 Linux 工作站

1)VNC

VNC 是一款跨平台远程控制工具软件。

在 RDA 计算机开启 VNC 服务的前提下,在 Windows 端启动 VNC Viwer 后可以在 Server

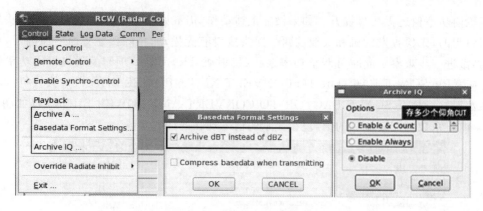

图 3.6　存档 IQ、DBT 数据

图 3.7　局域网 Linux 远控软件 VNC

中输入 RDA_IP:1,确认后输入密码,远程登录 RDA,默认密码为 rdarda(如图 3.7 所示)。

2)SSH

Linux 系统可以通过 SSH 协议远程登录和操作,为在 Windows 下远程管理 RDASC 计算机,Putty 是 Windows 下的一个免费的 SSH 客户端,RDASC 已经预设开启了 SSH 服务,所以可以使用 Putty 客户端登录。

(7)关于时间同步

广东省 11 部 CINRAD/SA 天气雷达均通过中心控制方法,由雷达服务器确定单部雷达的时间周期并发布同步指令,控制区域内所有天气雷达协调运行、同步观测。广东省所有雷达站的时间同步和扫描同步控制是分开的,172.22.1.86 做 GPS 校时服务器,172.22.1.176 做 RDASC 扫描同步控制服务器,均放在广东省气象局信息中心。

1)PUP、RPG 计算机的时间同步

各雷达台站的 PUP、RPG 计算机均安装 NetTime 软件,设置好时间同步服务器 IP 地址,校时间隔等参数,定时向广东省气象局信息中心时间同步服务器进行校时,以保持各雷达基准时间的完全一致(如图 3.8 所示)。

Time Server(Hostname or IP Address):填写网络时间协议服务器的 IP 地址或主机名;

Time Server(Protocol):使用的网络协议是 SNTP;

Time Server(Port Number):使用的端口号;

Update Interval:设置向服务器校时的时间间隔;

Retry Interval:如果获取时间失败,重新获取的时间间隔;

Max Free Run:获取时间失败,重试后仍然失败报警的时间间隔;

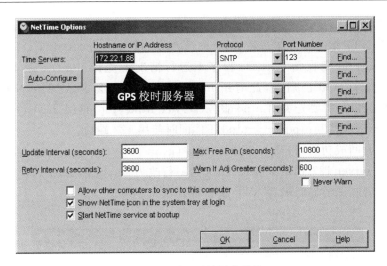

图 3.8　雷达时钟同步软件

Warn If Adj Greater：对客户端机器校时时，调整时间超过设定时间后报警。

2）RDA 计算机的时间同步

RDA 计算机则有两种方法来进行时间同步，一种是使用 Ntpdate＋Crontab 的组合，另一种是通过开启 NTP 服务来进行时间同步。

雷达业务人员可通过 ntpq-p、ntpstat 及 ntptrace 等命令查看台站 RDA 计算机的 NTP 服务状态信息，比如：

［root@RDA～］＃ ntpstat

synchronised to NTP Server(172.22.1.86) at stratum 8　＃本 NTP 服务器层次为 8，已向 172.2.1.86NTP 同步过

time correct to within 86 ms　＃时间校正到相差 86 ms 之内

polling server every 1024 s　＃每 1024 秒会向上级 NTP(172.22.1.86)轮询更新一次时间

按照 NTP 协议保证误差不超过 1 s，实际误差一般在 100 ms 以内，其值越小说明 RDA 计算机和上一级同步服务器的时间越接近。若发现台站 RDA 计算机时间校正误差过大，雷达维护人员一般可通过两种办法进行调整，一种是 NTP 客户端使用 ntpdate＋crontab 的组合，另一种是 NTP 客户端也开启 NTP 服务。

由于 ntpdate 是立即同步，会造成时钟的跃变，而不是使时间变快或变慢，导致依赖时序的程序会出错。例如，如果 ntpdate 发现 RDA 计算机的时间快了，则 rdasc 程序可能会经历两个相同的时刻，会造成在重复的 PPI 扫描，雷达产品可能比正常扫描时多出一部分；如果 ntpdate 发现 RDA 计算机的时间慢了，则 rdasc 程序可能会无法完成一个完整的体扫，造成某些高仰角的 PPI 数据丢失，雷达产品可能比正常扫描时少一部分。由此可见，使用 ntpdate 同步可能会对 CINRAD/SA 雷达 rdasc 程序的同步扫描造成严重后果。而 ntpd 作为 NTP 的守护进程，不仅仅可作为时间同步服务器，还可以做客户端与标准时间服务器进行同步时间，而且是平滑同步，并非 ntpdate 立即同步。所以通常情况下，台站 RDA 计算机都采用第二种办法与上一级 NTP 同步。如果假设上一级 NTP 服务器 IP 为 172.22.1.86，那么 RDA 计算机

合理的同步方法应该为：

①首先查看 NTP 服务的守护进程 ntpd 是否启动(service ntpd status)。

如果 ntpd 未启动,则在雷达 rdasc 程序不运行情况下先用 ntpdate 手动同步(ntpdate 172.22.1.86);如果 ntpd 已启动,此时用 ntpdate 手工同步会提示"The Ntp Socket is in use",说明端口被占用,需要先关闭 ntpd 服务(service ntpd stop)再用 ntpdate 手动同步(ntpdate time_server_ip),因为 ntpdate 与 ntpd 不能同时使用 123 端口。

②手动同步时间成功后,打开 NTP 配置文件(gedit /etc/ntp.conf),加入上一级 NTP 服务器 IP 地址(把 server 127.0.0.1 local clock 这一行改为 server 172.22.1.86),保存退出(如图 3.9 所示);或者在图形界面配置 NTP 服务器 IP 地址亦可。

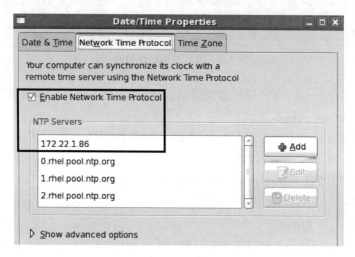

图 3.9 NTP 服务器设置

③启动 Ntp 客户端服务守护进程 ntpd(service ntpd start),待连接时间服务器后,RDA 计算机就会根据配置文件中 server 字段后的服务器地址,按一定时间间隔自动向上级服务器轮询更新时间。

需要说明的是,ntpd 启动的时候通常需要一段时间进行时间同步,所以在 ntpd 刚启动时还不能正常提供始时钟服务,最长大概有 5 min。

(8)关于 RDASC 扫描同步

1)扫描同步设置

在同步服务器(172.22.1.176)上运行同步控制 RSCS 软件(如图 3.10 所示),将体扫的周期和开始时间发送给各雷达的 RDASC 软件。同步模式下,各雷达的启动、停止、维护等仍由各站自主控制。

省内各雷达站 RDASC 计算机上也要设置扫描同步服务器的 IP(172.22.1.176),用来接收同步控制的命令和周期(如图 3.11 所示)。

2)扫描同步控制策略

多普勒天气雷达有 4 种体扫模式(VCP),目前 SA 雷达使用的是 VCP21 降水模式,也就是 6 min 左右完成 9 个仰角(层)的体扫方式。既然同步时间是 6 min 的倍数,10 次正好 1 h,所以将体扫时间固定在每个小时的 0、6、12、18、24、30、36、42、48、54 分开始。在广东省气象局

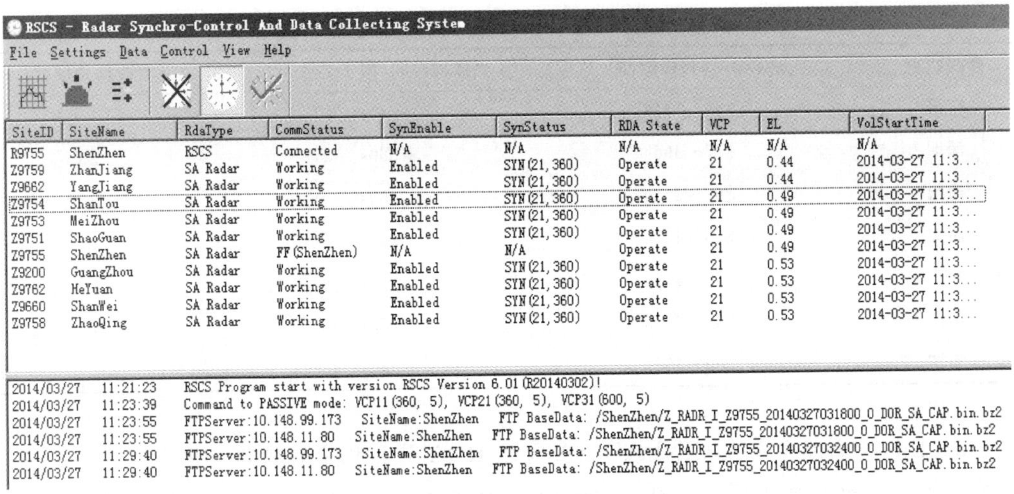

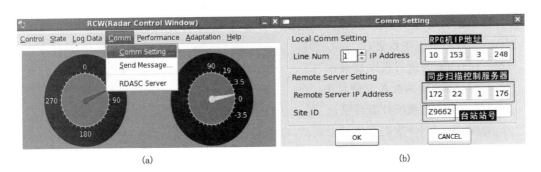

图 3.10 服务器端扫描同步设置

图 3.11 客户端扫描同步设置

信息中心服务器上安装雷达同步控制软件 RSCS.exe,同时各部雷达的 RDASC 软件也要选中接收同步控制的选项,同步控制软件 RSCS 将同步控制的命令和周期发送给各雷达的 RDASC 软件,各雷达按同步策略开始体扫,在 6 min 的周期策略下,严格按每小时 00:00—00:06—00:12—00:18—00:24—00:30—00:36—00:42—00:48—00:54 的时间点开始体扫。

每部雷达的体扫周期长短不一,VCP21 周期一般在 6 min 左右,有的少于 6 min,有的大于 6 min,尤其在体扫周期大于 6 min 的时候,如不加以控制,则无法同步到下一体扫的开始时间,只能等到第三个体扫才能同步扫描,无形中会漏测不少的体扫。为使各雷达实现 6 min 同步,保证各雷达能够在少于 6 min 的时间内完成体扫,必须现场分析每部雷达的体扫周期,并调整雷达的体扫适配参数,以达到同步的要求,譬如提高 VCP21 扫描在高仰角的天线转速。高仰角天线转速调整后,高仰角的脉冲采样数会减少,数据的平均度理论上有所降低,但比 VCP11 的仍然高得多。并且,根据同步项目实现以来预报员反馈的意见来看,基本看不出数据质量的区别或对预报业务造成多大的不利影响。各雷达台站体扫周期改动前后对比如表 3.1 所示。

表 3.1　广东雷达台站体扫周期改动前后对比

修改站点	体扫时间(修改前)	体扫时间(同步之后)	修改仰角层数
广州	359~361s	360s	1
深圳	357~365s	360s	2
梅州	363~365s	360s	2
韶关	356~357s	360s	1
汕头	356~359s	360s	1
阳江	358~360s	360s	1
湛江	360~365s	360s	2

3.1.1.2　Linux 高频命令在 CINRAD/SA 雷达 RDA 计算机中的操作应用

关于 Linux 的学习方法有两种:一种是从图形界面入手;另一种是从 Linux 命令行入手。相比较而言,命令行要比图形界面高效很多,只是学习曲线比较陡峭。Linux 命令是 Linux 的精髓所在,通过对命令的组合,可以高效地完成日常的维护和管理工作。在使用命令进行 RDA 计算机的日常维护和管理之前,首先要十分清楚 RDA 计算机的系统目录:

/opt/rda/为系统主目录;

/opt/rda/bin 为执行程序目录;

/opt/rda/config 为配置文件目录;

/opt/rda/log 为系统日志目录;

/opt/rda/iq 为 IQ 数据存档目录;

/opt/rda/archive2 为基数据存档目录。

(1)账户切换命令(su)

Linux 有严格的权限管理,RDA 中,一般的雷达维护都在 rda 用户下可以完成,但是有时涉及系统的维护就要切换到 root 用户。

su 在不退出登陆的情况下,切换到另外一个用户身份,使用语法为:su-l 用户名。用法举例:

1)[rda@RDA~]MYM su -l

用户名缺省,则切换到 root(根用户)状态,将提示输入 root 用户密码,登录后提示符变为"♯"。操作某些文件或软件需要 root 权限,必须进行账户的切换。

2)[root@RDA~]♯ su -l rda

从当前用户切换到 rda 这个用户。从 root 用户切换到 rda 用户不需要输入 rda 用户密码。切换为普通用户登录后提示符变为"MYM"。

用户登录后,所在目录为自己的家目录。如 root 的家目录为/root,普通用户的家目录一般为/home 目录下的同名文件夹,如用户 rda 的家目录为/home/rda。

(2)与文件相关的命令

关于显示文件列表(ls)、拷贝文件(cp)、创建文件夹(mkdir)、删除目录及文件(rm)、改变工作目录(cd)、查看当前目录完整路径(PWD)等命令用法均较为简单,与 DOS 相关命令类似,这里不做过多说明。

1)文件显示命令(more、cat、less)

想要查看文件内容,通常可用 more、cat 以及 less 等命令,前两者的区别在于 cat 把文件内容一直打印出来,而 more 则分屏显示,按 q 则停止显示,但其缺点是无法向前翻页,且功能较为单一。二者用法都较为简单,不做过多介绍。这里介绍 less 命令用法,它的功能更为强大和全面。基本用法为:less 文件名。

在使用 less 命令查看文件时,按上、下键可以向上、下翻一行;按"PgUp"、"PgDn"键可分别向上和向下翻页浏览;按正斜杠("/")键可以搜索关键字;按下"V"键可以进入编辑模式(使用 VI 编辑器);按"Q"键则退出。

2)文件编辑(gedit)

RDA 计算机日常维护中常常需要查看系统日志,修改配置文件等,但是 Linux 系统中最著名的两个文本编辑器 VI 和 EMACS 都是为程序员而设计的,对雷达维护人员而言难学易忘,并不适用,而 gedit 作为系统自带的编辑器简单易用,而且查找替换等功能比较完善,是非常好的文本编辑器,使用方法是:gedit 文件名(全路径)。

3)文件归档命令(tar)

tar 命令用来归档并压缩文件。Linux 下的 tar 工具是 GNU 版本,这个版本与传统版本的 tar 有一定的区别,如支持长格式参数等。tar 的语法为:tar<操作>[参数]。

操作与参数种类较多,这里举例说明归档与解压两种常用操作。

①[rda@RDA~]MYM tar −cvzf config. tgz config

对雷达配置文件 config 进行归档,归档文件名为 config. tgz(参数 c 表示创建一个新归档)。当对雷达 rdasc 程序升级时需要先将原配置文件归档保存,可用此命令。

②[rda@RDA~]MYM tar −xzvf config. tgz

解压归档文件 config. tgz,解压文件名为 config(参数 x 表示解压缩归档文件)。可用于雷达 rdasc 程序升级完毕后恢复配置文件。

4)文件查找命令(find)

find 常用方法为:find 目录−name " "

引号内为文件名,引号可用可不用。RDA 的日常维护中常常需要查看报警文件、动态范围测试结果等,如果不知道报警文件、动态测试结果等文件的路径,可通过 find 命令全盘查找。如:

[root@RDA~]# find / −iname " * dyntest * "

/home/rda/Desktop/config//DynTest_13−09−07. txt

全盘搜索雷达动态范围测试结果(全盘搜索需要 root 权限)。如把"/"换成指定目录还可以对指定目录进行搜索(无须 root 权限)。需要注意的是:

①当记不住搜索的文件全名时必须用正则表达式匹配。

②由于 Linux 系统下严格区分大小写,所以如果不确定搜索的字符串是大写还是小写,需要加上"−i"参数表示忽略大小写,否则查询不到结果。

5)命令/文件名补全(Tab)

在 Linux 下,按"Tab"键可以实现补全功能,可以将命令和文件名自动补全。举例来说,如果想使用 history 命令,不必每次都输入这个命令的完整 7 个字母:输入"his",然后按"Tab"键,命令会自动补齐。如果输入某个命令或文件名前几个字母后按下"Tab"键发现命令没有自动补齐,说明这以几个字母开头的命令或文件不止一个。这时再次按下"Tab"键,则会显示所有以这几个字母开头的命令或文件列表。

"Tab"键补全功能非常实用,不仅可以缩短输入命令或文件名的时间,也可以减少输错的概率。

(3)grep 命令

grep 是一个很常见的命令,最重要的功能就是进行字符串数据的对比(比如显示含有特殊字段的行)。在 Linux 的命令行里如何快速地检索出所需数据,这对用户来说是非常重要的。用 ls 命令在管道基础上用 grep 过滤,功能非常强大。与 find 相比,无须记住搜索的字符串全名,可以使用模糊搜索,不使用正则表达式匹配字符串,其使用基本语法为:grep[参数]字符串[文件名]。常用参数如表 3.2 所示。

表 3.2 grep 命令的参数说明

参数	参数说明
—a	将 binary 文件以 text 文件的方式搜寻数据
—c	计算找到"搜寻字符串"的次数
—i	忽略大小写的不同,所以大小写视为相同
—n	输出行号
—v	方向选择,亦可显示出没有"搜寻字符串"内容的哪一行

用法举例:

1)[root@RDA~]#ls/opt/rda/log|grep"IQ62"

20130531_IQ62.log

20130610_IQ62.log

20130611_IQ62.log

20131027_IQ62.log

搜索 RDA 计算机/opt/rda/log/目录下的相位噪声标定结果文件(雷达相位噪声测试结果包含在 IQ62 文件中)。

2)[rda@RDA~]MYM grep ′square root′ —i /opt/rda/log/20131027_IQ62.log

2013—10—27 12:10:17;364   SQUARE ROOT=   0.1747908

显示/opt/rda/log/20131027_IQ62.log 文件中包含 SQUARE ROOT 的行,即相位噪声标定结果。

3)[root@RDA log]# less 2013110212_Rad.log|grep —i ′el = 01.4′|less

在 Rad.log 日志里面找到仰角为 1.41°的 PPI 数据并分页显示。

当雷达日志文件包含内容较多时,尤其是像雷达角码文件 Debug_RAD.log 和 RAD.log 等动辄上千行数据,仅靠肉眼筛选信息非常困难,但是利用管道和 grep 过滤掉无用的信息,效率提高数十倍有余。需要说明的是,grep 在一个文件中查寻一个字符串时,是以"整行"为单位来撷取数据的。将 grep 命令和正则表达式结合应用,可最大限度地发挥出 grep 命令的作用。

(4)软件的安装与卸载

RPM 是 Red Hat Package Manager 的缩写,即 RedHat 软件包管理器。雷达 RDA 计算机进行 rdasc 程序升级时需用到此命令,RDA 计算机上所有用户都可以使用 RPM 命令进行查询软件包相关信息,但进行安装、升级、卸载等操作时则需要 root 权限。

用法举例:

1)[rda@RDA ～]MYM rpm －qa|grep rdasc

rdasc－11.4.8－2

查询 RDA 计算机中是否已安装 rdasc 软件包。

2)[root@RDA ～]♯ rpm—ivh rdasc－11.3.6－1.i386.rpm

安装 rdasc 软件,其中参数 i 表示安装;v 是一个全局参数,表示详细输出模式;h 是用♯号表示安装进度。

3)[root@RDA ～]♯ rpm—e rdasc

卸载 rdasc 软件,参数 e 表示卸载。

(5)RDASC 程序升级

1)备份系统适配数据。将 config 配置文件打包保存(tar—cvzf config.tgz config)。

2)切换到 root 用户并卸载 rdasc 软件(♯rpm—e rdasc)。

3)获取升级的 rdasc rpm 包,将其拷贝到某个目录下(比如拷贝到桌面)。

4)安装新软件包。进入 rdasc 软件包文件所在的目录(cd /home/rda/Desktop);安装 rdasc 软件包(rpm—ivh rdasc－11.3.6－1.i386.rpm)。这里假设 rpm 包文件名为 rdasc－11.3.6－1.i386.rpm。

5)恢复系统适配数据。在/opt/rda/目录下,清除默认安装配置文件(rm—fr config),接着解压前面备份打包的配置文件(tar—xzvf config.tgz),恢复适配数据。

6)重启系统(reboot)。

(6)关于动态错误

当出现天线动态错误而导致雷达停机时,若按照以往的方法,从硬件和系统软件上重启雷达,一般需要三个体扫时间左右。但如果只是重启 rda_services 服务,则只需一分钟左右。方法是:首先退出 rdasc 程序,删除 config 目录下的标定文件(rm/opt/rda/config/RDACALIB.DAT),然后重启 rda_services 服务(rda_services restart),然后再重新开启 rdasc 程序并重新标定,基本可以解决天线动态错误(如图 3.12 所示)。

```
[rda@RDA ~]$ rda_services restart
Are you sure to restart rda services?(y/n)
y
Shutting down ped:                              [  OK  ]
Shutting down mainb:                            [  OK  ]
Shutting down maina:                            [  OK  ]
Starting maina:                                 [  OK  ]
Starting mainb:                                 [  OK  ]
Starting ped:                                   [  OK  ]
[rda@RDA ~]$ []
```

图 3.12　重启 rda_services 服务

(7)手动挂载光驱或映像

Linux 系统一般可以自动挂载 U 盘和光驱,挂载目录在/media 下。如果系统不能自动挂载,则需要手工操作。光驱设备一般为/dev/cdrom 或者/dev/dvd,U 盘的设备为动态分配,可以使用 fdisk—l 命令查看（需要管理员 root 权限）。关于 mount 和 fdisk 命令及 Linux 文件系统的知识及其他常用命令请参考相关书籍。

Linux 下手动挂载文件系统一般放在/mnt 目录下，光驱和 ISO 映像一般在/mnt/cdrom中，U 盘一般在/mnt/usb 下。挂载文件系统必须是管理员 root 用户。

挂载光驱：♯ mount /dev/dvd /mnt/cdrom。

挂载映像：♯ mount /home/rda/rdasc. iso—o loop /mnt/cdrom，这里假设映像文件为/home/rda/rdasc. iso。

3.1.2　UCP 安装与配置

（1）UCP 软件的主要作用

UCP 的主要作用是根据气象雷达算法生成雷达产品，以及分发产品到各路的 PUP 上；接收 RDASC 的部分信息从而监视和控制雷达运行；同时可以在本机磁盘存放基数据，存放路径可通过适配文件 addedcfg. txt 查阅、修改。

（2）UCP 的安装与设置

1）双击安装程序"RPG(SA)Setup. exe"开始安装，一直点击"next"（下一步），直到选择安装路径时，其默认的安装路径是 D:\RPG。

2）输入 RDASC 计算机的网络名，默认是 RDA，直接点击"next"。

3）输入保存雷达状态信息和基数据的位置，默认保存在 D 盘。资料保存路径等设置亦可在安装结束后通过 UCP 所在的安装路径 D:\RPG 10. 8. 1. S. C、在参数配置文件 addedcfg. txt 中修改。

4）点击"next"，选择典型安装（Typical），再一直点击"next"即可完成安装。

5）软件注册：通过软件序列号生成器注册，与 PUP 类似。

6）设置通信配置文件 C:\WINNT\Nbcomm. iniUCP，RPG 通过 NBCOM 文件授权 PUP进行产品分发，在 RPG 的 NBCOMM 文件里加入 PUP 的 IP 即可，一个 UCP 最多可以连接 8路直连 PUP。

如，

[USERTABLE]

LINE1＝IP$_1$

LINE2＝IP$_2$

⋮

LINE8＝IP$_8$

[HOSTNAME]

HOST_RPG＝rpg

相应的，PUP 也有 Nbcomm. ini 配置文件，只需加入 RPG 的 IP 地址即可：

[HOSTNAME]

HOST_RPG＝RPG 机 IP

与雷达业务用机不同，预报员通常是将 RPG 与 PUP 安装在同一台电脑，以便于基数据的回放，所以需要将 RPG 和 PUP 的 Nbcomm. ini 配置文件设置为同一个文件，其通信配置内容如下，

[HOSTNAME]

HOST_RPG＝127.0.0.1

［USERTABLE］

LINE1＝127.0.0.1

（3）基数据的回放与 PUP 产品的生成

1）拷贝基数据

将需要回放的基数据拷贝到 UCP 保存基数据的目录 D:\Archive2 下。

2）设置 UCP 的相关内容

①设置雷达站信息

打开 UCP. exe 程序，打开下拉菜单"Adaptation"进入"Set Site Information"，输入密码
"WXMAN1 空格"，输入将要回放的基数据所在的雷达站纬度、经度、海拔高度、雷达站代号等
相关信息，雷达站纬度、经度为 1/1000 度，不是度分秒的格式（如图 3.13 所示）。

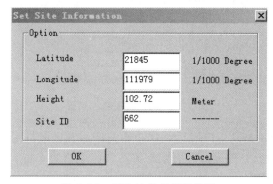

图 3.13　雷达站站点信息设置

②设置回波强度色标值。

UCP 安装好后需要更改强度回波色标。在 Product 菜单下选中 Selection of Product Pa-
rameters，输入密码"WXMAN1 空格"后进入 Produc 窗体，进入 Reflectivity Data Levels 选项
后选中 Convective，最后在 Code Current 框内将原有数值全部增加 10（如图 3.14 所示）。

③禁用速度退模糊

点击 UCP 菜单条中"Product"下的"Selection of Product Parameter"，输入密码"WX-
MAN1"，在"Gage Bias Adjustment/Velocity Deleasing Toggle"界面中去掉"Apply Velocity
Deleasing"（使用速度退模糊）前面的钩。

（4）回放基数据、生成产品

1）连接 UCP 与 PUP

分别启动 UCP 与 PUP 软件，当 UCP 软件自检完毕，RPG 绿灯亮时，在 PUP 软件的菜单
条中"控制"下点击"连接 RPG"，连通 PUP 与 RPG 的通信。

2）回放基数据、生成产品

点击 UCP 软件的快捷图标中的 ReplayBaseData 按钮，雷达系统工作指示灯中的 RPG 工
作指示灯由红变绿，表示 UCP 正在回放基数据。

3.1.3　PUP 安装与配置

（1）PUP 软件的主要作用

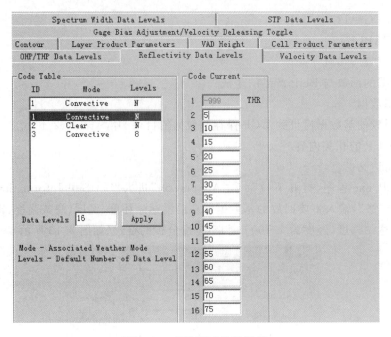

图 3.14 回波强度色标设置

PUP 软件的主要作用是从 RPG 获取、保存雷达产品和区域拼图,并供观测员对雷达产品进行操作,业务中通过辅助软件,将产品、国家拼图和区域拼图上传。

(2)PUP 的安装与配置

1)运行 WSR—98DPUP(SA).exe 安装 PUP 终端软件,安装默认目录为 D:\WSR—98D PUP。

2)将地图文件 mapXXX.map(XXX 为台站号)复制到 D:\WSR—98D PUP\Maps 目录下。

安装完成后运行桌面上的 CINRAD PUP,需要按图 3.15 所示方法进行破解。

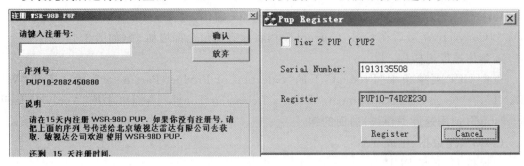

图 3.15 PUP 破解

将 CINRAD PUP 运行后界面上序列号中"—"以后的数字复制到 PupReg10.exe 运行界面中的 Serial Number 后面的文本框中,然后选中 Tier 2 PUP 复选框,再取消选中的复选框,后将 Register 中得到的值复制到 CINRAD PUP 运行界面的"请键入注册号"下面的文本框中,最后点击"确定"按钮即可运行 PUP 终端显示软件。

3)配置 PUP 参数

成功运行 PUP 后,点击"设置"菜单条中的"适配数据"。

点击后出现"适配数据口令"窗口,不用输入口令,直接点"确定"后出现如图 3.16a 所示窗口。

　　点击"适配数据"窗口中的"站点"后出现如图3.16b所示窗口,修改站点信息。

　　选中图3.16a中的站点"1　Hefei"后,点击"修改"出现"RPG参数"窗口,修改"站号"和"站名"为本站参数。根据用户需要,点击"设置"菜单条中的"适配数据"设置地图信息,不同产品可设置加载不同地图信息,一般常用选中的背景地图有:省界、县界、城市、雷达中心、范围、河流、极射网格、流域等。

　　接下来设置产品信息,同样选择"设置",点击"选项"后出现如图3.16b所示选项窗口,将产品路径设置成所映射成本地磁盘下的 Products 目录下(X:\Products),保留产品天数可设置范围是"1~5"天,通常设成"5"天,如果要对产品在本地保存,选中存档栏中的"产品存档"复选框,将存档路径设置成本地磁盘一个产品目录。

　　按上述步骤即可完成整个安装过程。

　　在 PUP 软件主界面上,选择"显示"下的"产品检索"或点击快捷菜单条上" "图标,即可显示雷达最近生成的各种产品(如图3.16c所示)。

　　PUP 安装好后需要设置产品用户(控制—产品用户)来接收 UCP 分发过来的 gif 产品(选择"图像(GIF)"、产品号、最大仰角号及接收存盘路径)和二进制 PUP 产品(选择"产品"、产品号、最大仰角号及接收存盘路径)以及通过 C 盘下 NBCOM 文件设置好 UCP 的 IP。

　　由图3.16d所示,控制—产品用户,可以设置上传的 8 个 GIF 拼图文件列表(属性设置为接收 GIF 的目录)。广东省气象局对上传的 8 张 gif 拼图要求:除19、27号产品的最大仰角号为 2 号外,其余 6 个 20、48、78、57、37、110 号产品的最大仰角号均为 1 号。

　　如图3.16e所示,控制—产品用户,可以设置上传的 21 张产品列表(属性设置为接收产品的目录,如 D:\ftp)。国家局对产品列表及其最大仰角号的要求:19,20,26,27 号产品的最大仰角号都有 1,2,3 三个;37,38,41,48,57,78,79,80,110 号产品的最大仰角号都只有 1 号一个。

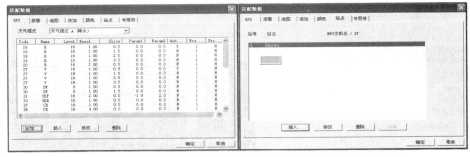

(a)

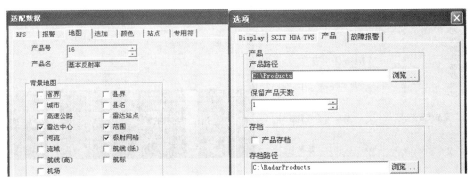

(b)

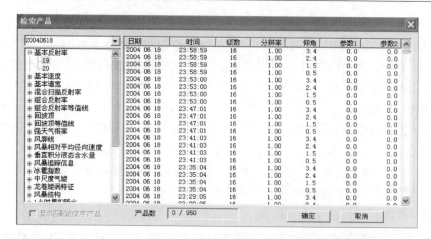

(c)

(d)

(e)

图 3.16 PUP 参数设置

3.1.4　PUP 常用功能介绍

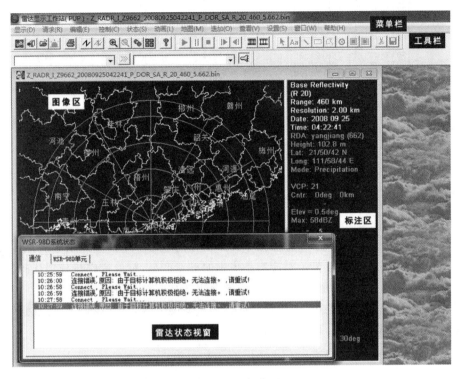

图 3.17　PUP 操作界面

3.1.4.1　操作界面与功能说明

（1）菜单栏：包含显示、请求、编辑、控制、状态、动画、地图、叠加、查看、设置、窗口、帮助按钮。

（2）工具栏

1）常规工具栏：包含检索、产品队列、打开、报警、打印、连接、缩放、地图前景、平铺、帮助按钮。

2）动画工具栏：包含开始、暂停、停止、前一幅、后一幅、加速、减速按钮。

3）编辑工具栏：包含选择、字符、直线、矩形、多边形、报警区 1、报警区 2、删除、保存并退出按钮。

（3）视窗：分为图像区与标注区。图像区具有产品的偏心和放大、匹配产品的显示、编辑功能；标注区显示产品信息与站点信息等。

（4）状态栏：包含连接状态、日期和时间、AZ/Rng/H（方位/距离/高度）等内容，其中 AZ/Rng/H 可以通过"查看"菜单下的"读取光标"更改该设置。

3.1.4.2　PUP 常用功能及操作步骤

（1）队列产品

1）主要用途：用来记录最新接收到而没有自动显示的产品。

2）操作步骤："显示"菜单下点击"队列产品"（如图 3.18 所示）。

体扫开始时间		产品号	仰角	产品名
2013 08 14	00:18:00	41	0.0	ET
2013 08 14	00:18:00	38	0.0	CR
2013 08 14	00:24:00	19	0.5	R
2013 08 14	00:24:00	26	0.5	V
2013 08 14	00:24:00	27	0.5	V
2013 08 14	00:24:00	20	1.5	R
2013 08 14	00:24:00	26	1.5	V
2013 08 14	00:24:00	19	2.4	R
2013 08 14	00:24:00	20	2.4	R
2013 08 14	00:24:00	26	2.4	V
2013 08 14	00:24:00	27	2.4	V
2013 08 14	00:24:00	79	0.0	THP
2013 08 14	00:24:00	80	0.0	STP
2013 08 14	00:24:00	38	0.0	CR

确定　删除　刷新　取消

图 3.18　队列产品

（2）用户功能

1）主要用途：用户功能提供了一种按操作员预定义的至多 8 个产品显示方法，用户数量最多可达 50 个。执行时依次连续显示对应产品集中的最新产品，就像操作员分别从产品库中选择"显示"时一样。这一特性对那些耗时而且频繁使用的功能序列特别有用。

2）操作步骤：选择"显示"菜单下"用户功能"，输入功能名称，点击"添加"，可根据用户需求添加功能，点击保存、确定按钮，按照设定显示最新的产品（如图 3.19、3.20 所示）。

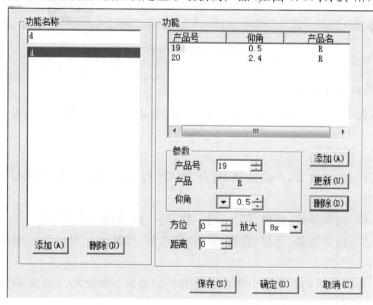

图 3.19　添加用户功能

3）技术说明：功能名称最多 50 个，产品显示最多 8 个。用户产品参数为产品号、产品名缩写、仰角。控制参数为放大倍数。

（3）显示最新打开过的 8 张产品

在显示菜单栏下可以看到最新打开过的 8 张产品列表，直接单击即可打开（如图 3.21 所示）。

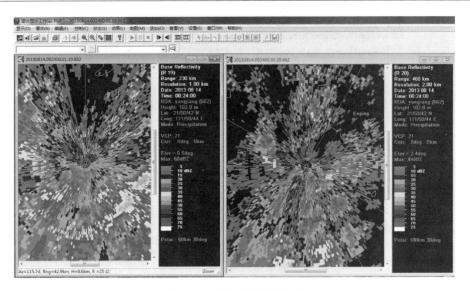

图 3.20 用户功能应用效果

图 3.21 最近打开的产品列表

（4）自动显示产品

1）主要用途：在请求产品过程中，用户可以设定是否自动显示某个产品，如果某产品被设定为自动显示，当 PUP 接收到该产品时，将显示或更新显示该产品。

2）操作步骤：在"设置"菜单下点击"选项"，在 Display 中将"自动显示收到的产品"打勾（如图 3.22 所示）。

（5）产品请求

该功能是指 PUP 通过专线或拨号网络向 RPG 请求所需产品，PUP 本地产品库的产品都是通过产品请求获取的。需要注意的是，该功能需要 PUP 通过专线与 RPG 相连。

1）一次性产品请求

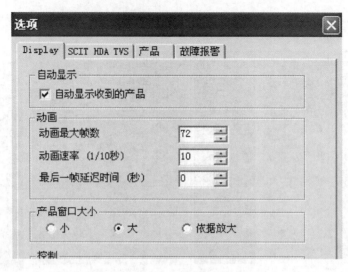

图 3.22　自动显示产品

①主要功能：一次性产品请求只能请求一个产品，此产品是独立于日常产品集以外的产品，而日常产品集是 RPG 连续发送给 PUP 的。利用专线的一次性产品请求可以连续 9 个体扫有效，而非专线的仅一个体扫。

②操作步骤：在"请求"菜单下点击"一次性产品请求"，操作界面如图 3.23 所示。

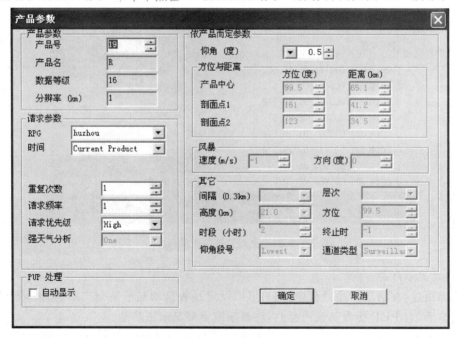

图 3.23　一次性产品请求

2）日常产品集请求

①操作步骤：在"请求"菜单下点击"日常产品集"，界面如图 3.24 所示。

②技术说明

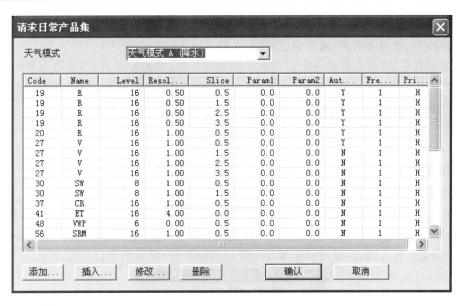

图 3.24 日常产品请求

PUP 通常有 10 种(A—J)天气模式(如降水模式,晴空模式等),每种模式最多设定 20 个产品作为日常产品集。此列表只对本次运行该日常产品集编辑对话框有效,在下一次运行时,系统将使用适配数据的日常产品集更新该表。对日常产品集的产品可以进行四种操作:添加、插入、修改、删除,前三种操作都涉及对参数的设置,设置的方法与一次性产品请求相同。

(6)天气警报请求

1)主要用途:天气警报请求是设置报警种类及其触发报警的临界值。当遇到这些报警的天气条件时,CINRAD PUP 将显示相应的报警信息,并拉响天气警报。

2)操作步骤:在"请求"菜单下点击"警报",界面如图 3.25 所示。

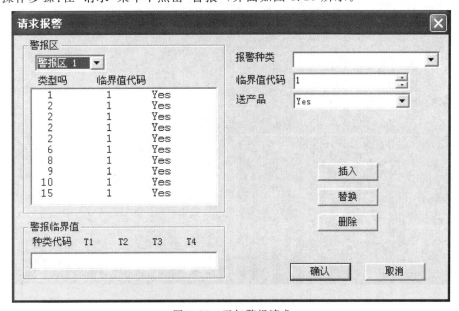

图 3.25 天气警报请求

3)技术说明

①报警种类:分为栅格组、体积组、预报组 3 类。

②报警临界值:警报临界值通常分为 6 个等级(1~6),用来发送请求,警报临界值在 RPG 中设置。

③送产品:是指当 RPG 向 PUP 发送报警信息的同时是否发送预定的报警产品。

操作员可以按照参数的当前值对各报警区种的警报种类进行编辑,编辑命令共有插入、替换、删除三种编辑命令。

(7)产品编辑

1)主要用途:编辑功能主要实现对字符、直线和矩形的添加、移动、修改及删除。当指定的图形产品被显示后,操作员根据需要先选择相应编辑状态,再利用绘图工具(选择、文字、直线、矩形、多边形等)进行编辑(如图 3.26 所示)。编辑状态指的是编辑剖面产品的位置、定义报警区、编辑本雷达站的地图、产品注释的编辑。在进行编辑时,建议不进行其他操作。

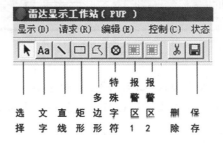

图 3.26　产品编辑工具

2)操作步骤:在"编辑"菜单下点击"注释",选择对应编辑工具,绘制直线、矩形、多边形、添加字符串(如图 3.27 所示)。

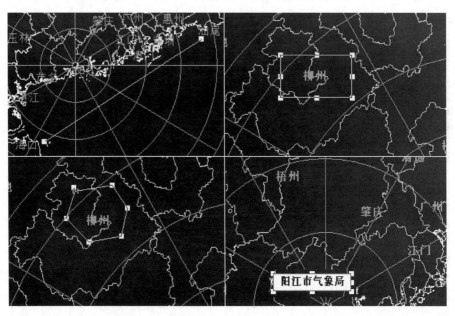

图 3.27　产品编辑

(8)剖面产品请求

1)主要用途:主要用于检查风暴结构特征(悬垂回波、弱回波及有界弱回波等)、建立反射率因子结构和风暴运动学的联系、检查风暴顶辐散以及分析中气旋的垂直范围等。

2)操作步骤

①在"编辑"菜单下点击"剖面",选择直线工具绘制直线,点击保存。在"请求"菜单下点击"一次性产品请求"选择50号产品(反射率)、51号产品(速度)、52号产品(谱宽),点击确定。如果不按上述步骤操作而直接请求剖面产品,将会出现"存储器溢出"的错误提示。

②然后在雷达状态视窗中应该可以看到50号产品(或者51、52号产品)成功接收状态。

③在"显示"菜单下点击"产品队列",双击"最新"。图3.28为一冰雹过程的反射率因子剖面。

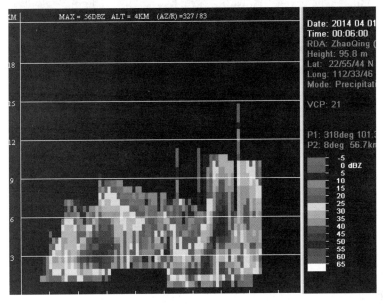

图 3.28　冰雹剖面

3)注意事项

①剖面产品有反射率因子剖面(50号,RCS)、速度剖面(51号,VCS)和谱宽(52号,SCS)剖面,在对应产品上才能画出对应产品的剖面图。

②由于垂直剖面产品需要一个完整的体扫资料,如果不是恰好在当前体扫结束时作的请求,通常它是由上一个体扫数据生成的剖面。

③画直线时不一定要沿着径向,因为剖面产品并不一定要沿着雷达径向。

④剖面要求两端点相隔距离小于 230 km,否则无法生成剖面产品。

⑤剖面产品只能一次性请求,不会更新,不能加入常规产品列表。

⑥由于需要产品请求,故需要连接到 RPG。

(9)报警区的定义

1)主要用途:在 PUP 上可以定义两个独立的报警区,每个报警区都代表的是边长近似为 920 km 的正方形区域,这个区域被划分为 58×58 的报警格,每个报警格代表的是一个 16 km ×16 km 的区域。如果在网格中激活一个报警格,则说明将该报警格所覆盖的 16 km×16 km

图形区域添加到当前指定的报警区以内,报警格间可以不连续。报警区 1 的颜色是红色,报警区 2 的颜色是紫色,两个报警区可以相互重叠。

2)操作步骤:在"编辑"菜单下点击"报警区",选中阳春、阳西、恩平三个报警区域,点击保存,如果满足报警条件,RPG 发送报警信息给 PUP(如图 3.29 所示)。

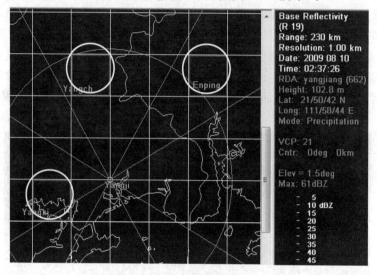

图 3.29　设置报警区域

3)技术说明:

①每一个报警区最多有 10 种警报,这些警报指明了报警的类型和警报临界值的等级号。它们被发送给 RPG 用于定义报警临界区。

②实际的临界等级在 RPG 中设置,在 PUP 中的适配数据中报警选项中显示。

③选择退出并存储后,PUP 将连同报警条件与报警区一起发送给 RPG,待 RPG 在报警区内检测到满足报警条件后,将给 PUP 发送报警信息。

④可利用编辑工具中报警区 1、报警区 2 按钮切换到不同的报警区。

⑤该功能需要产品请求,故需要连接到 RPG。

(10)产品动画

1)主要用途:对所选产品进行动态演示,各功能铵扭如图 3.30 所示。

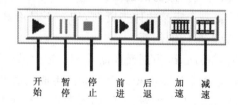

图 3.30　产品动画功能按钮

2)技术说明

①可打开多个窗口同时动画,速度会降低,通过点击加速按钮提高速度。

②产品最多每次循环 100 个。

③有新产品时候(同仰角),同时进入循环(前提是新产品自动显示),最后一幅退出循环。

④如果选择多幅同仰角产品,则自动开始动画;如果选择多幅不同仰角产品,只是打开多幅产品。

⑤同时使用叠加功能和地图功能不影响动画。

⑥状态栏显示的是当前帧数和帧数总和速度。

⑦动画功能第一次循环时候,系统不可操作,第一次循环结束后恢复。

(11)图形放大

1)主要用途:将被显示产品和背景地图同时放大1、2、4、8、16倍,该功能只对图形产品有效。

2)操作步骤:在图像区单击右键,选择"缩放",选择倍数(如图3.31所示)。

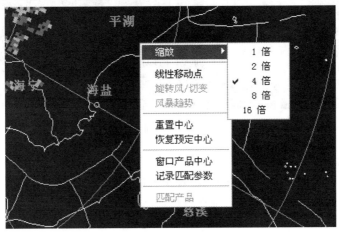

图3.31　图形放大

(12)中心重定

1)主要用途:将光标所指的位置定为视图的中心,此光标位置是指点击鼠标右键时的光标位置,在标注区的视图中心参数也将随之改变。

2)操作步骤:在需要设置为中心的位置点击右键,选择重置中心(如图3.32所示)。

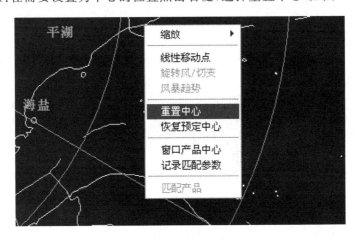

图3.32　中心重定

(13)恢复预定中心

1)主要用途:使产品恢复到以雷达站点为视图中心的显示状态,在标注区的视图中心参数也复位。

2)操作步骤:在图像区点击右键,选择恢复预定中心(如图 3.33 所示)。

图 3.33　恢复预定中心

(14)窗口产品中心

1)主要用途:帮助用户记录当前光标位置作为请求窗口产品的中心。

2)操作步骤:在图像区点击右键,选择窗口产品中心,检索另一张产品,在相同光标位置打开(如图 3.34 所示)。

图 3.34　在基本反射率上设置

然后打开另一张速度图(如图 3.35 所示),可以看到,在前一张基本反射率上将降水回波置为窗口产品中心之后,打开的速度图上是以降水回波为中心。

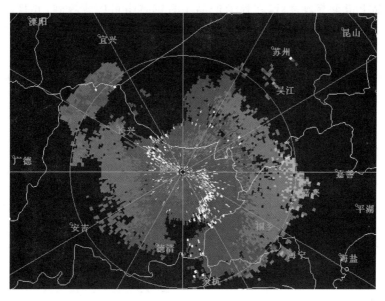

图 3.35　速度图效果

(15)记录匹配参数

1)主要用途:记录匹配参数之后,可在产品选择对话框中,用鼠标右键选择相同时间等参数产品。

2)操作步骤:在 PUP 软件图像区单击鼠标右键,选择"记录匹配参数",在 PUP"显示"菜单中选"产品检索",在弹出的检索窗体左边框单击鼠标右键,右侧主边框将把之前记录匹配参数的产品进行高亮显示(如图 3.36 所示)。

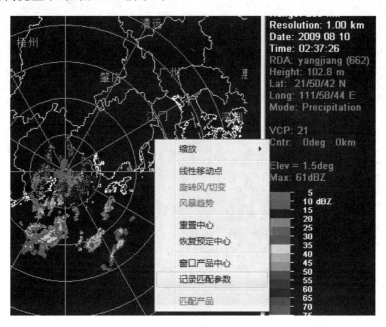

图 3.36　记录匹配参数

在当前产品上记录参数之后,在检索产品中右键点击可以寻找到,并且高亮显示(如图3.37所示)。

日期	时间	级数	分辨率	仰角	参数1	参数2
2013 08 14	00:12:00	16	1.00	2.4	0.0	0.0
2013 08 14	00:12:00	16	1.00	1.5	0.0	0.0
2013 08 14	00:12:00	16	1.00	0.5	0.0	0.0
2013 08 14	00:06:00	16	1.00	2.4	0.0	0.0
2013 08 14	00:06:00	16	1.00	1.5	0.0	0.0
2013 08 14	00:06:00	16	1.00	0.5	0.0	0.0
2013 08 14	00:00:00	16	1.00	2.4	0.0	0.0
2013 08 14	00:00:00	16	1.00	1.5	0.0	0.0
2013 08 14	00:00:00	16	1.00	0.5	0.0	0.0
2009 08 10	02:37:26	16	1.00	2.4	0.0	0.0
2009 08 10	02:37:26	16	1.00	1.5	0.0	0.0
2009 08 10	02:37:26	16	1.00	0.5	0.0	0.0
2009 08 10	02:31:11	16	1.00	2.4	0.0	0.0
2009 08 10	02:31:11	16	1.00	1.5	0.0	0.0
2009 08 10	02:31:11	16	1.00	0.5	0.0	0.0

产品数   1 / 21   确定   取消

图 3.37 高亮显示已记录的产品

(16)色标闪烁

1)主要用途:此功能将图像区指定数据级的颜色闪烁,用于突出显示不同的数据级。可以同时闪烁多种数据级的颜色,相比过滤功能更容易区分颜色模糊的数据级。

2)操作步骤:在标注区色标上点击右键,选择闪烁,可以看到对应色标闪烁(如图 3.38 所示)。

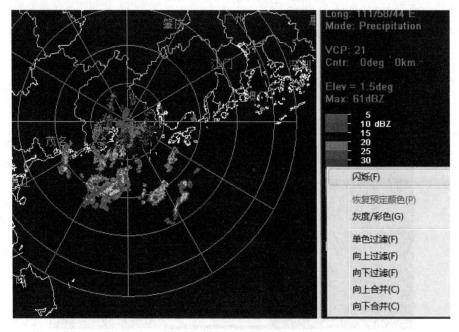

图 3.38 色标闪烁

（17）单色过滤

1）主要用途：将在标注区色块上选中的颜色用背景色替换。

2）操作步骤：在标注区色标上点击右键，选择单色过滤，过滤结果如图3.39所示。

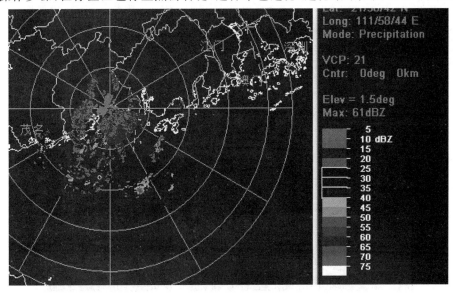

图3.39 单色过滤

（18）向上过滤

1）主要用途：将在标注区色标上选中的颜色以上的色彩都用背景色替换。

2）操作步骤：在标注区色标上点击右键，选择向上过滤。过滤结果如图3.40所示。

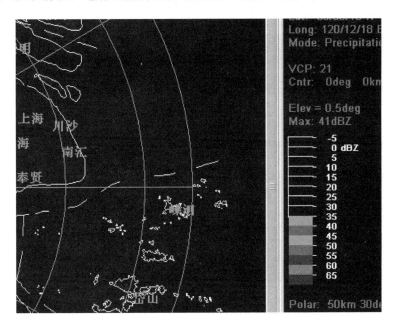

图3.40 向上过滤

（19）向下过滤

1）主要用途：将在标注区色标上选中的颜色以下的色彩都用背景色替换。

2）操作步骤：在标注区色标上点击右键，选择向下过滤。过滤结果如图3.41所示。

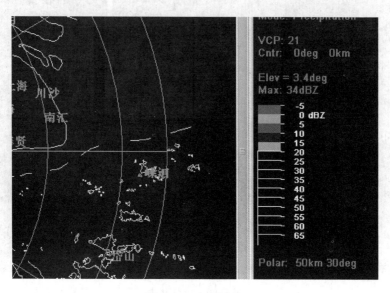

图 3.41　向下过滤

（20）向上合并

1）主要用途：将在标注区色标上选中的颜色以上的色彩都用光标所选中色标的色块替换。

2）操作步骤：在标注区色标上点击右键，选择向上合并。合并结果如图3.42所示。

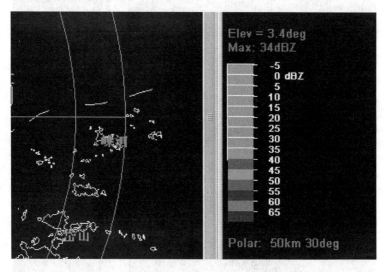

图 3.42　向上合并

（21）向下合并

1）主要用途：将在标注区色标上选中的颜色以下的色彩都用光标所选中色标的色块替换。

2)操作步骤:在标注区色标上点击右键,选择向下合并。合并结果如图 3.43 所示。

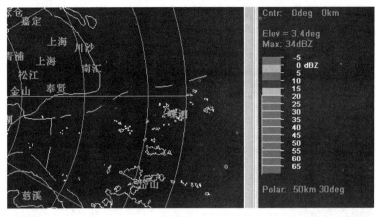

图 3.43 向下合并

(22)光标联动

1)主要用途:一般用于在多幅产品中查看相同坐标位置的产品参数情况。

2)操作步骤:在"查看"菜单中选择光标联动(如图 3.44 所示)。

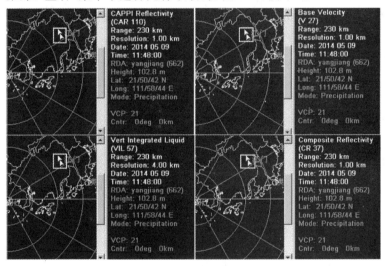

图 3.44 光标联动

(23)图像灰化

1)主要用途:将产品在灰色和彩色两种状态下切换显示。

2)操作步骤:在标注区色标上点击右键,选择灰度/彩色(图略)。

(24)恢复预定颜色

1)主要用途:将产品恢复为没有进行过滤、合并以及灰化等操作前的缺省状态。

2)操作步骤:在标注区色标上点击右键,选择恢复预定颜色(图略)。

(25)叠加显示

1)功能说明

①能够用于叠加显示的项目有四类:6 种天气产品、产品注释、报警区和当前剖面,在叠加

显示时可以多种叠加项同时显示(如图 3.45 所示)。

图 3.45 能够用于叠加显示的项目

②在叠加显示的同时进行放大、中心重定的操作,叠加项的相对位置也会随之变化。

③对产品注释、报警区、当前剖面的定义在编辑功能中实现。

④6 种天气产品与其他产品叠加显示的条件是它们的 RPG、体扫的日期和时间这三个参数匹配。这 6 种天气产品的请求和获取独立于被叠加的产品。操作员也可以从本地产品库检索这 6 种天气产品单独显示,这并不影响该叠加产品与其他产品的叠加显示。但是在单独显示这些叠加产品时,它们之间是不可以相互叠加的。在适配数据中的叠加选项中可以设置在显示每一个产品时缺省叠加的产品种类。

⑤产品注释可用于任意图形产品的叠加显示,但它是对应单个产品的,即只有在添加了注释的产品时,才可能显示叠加功能的产品注释。

⑥当前剖面与图形产品叠加显示时是一条白色的直线,直线的位置信息用于向 RPG 请求剖面产品。定义剖面位置的直线只有一条,故当前剖面与任意图形产品叠加显示时,直线的位置是唯一的。

⑦叠加菜单的顶部有三个控制命令:开启/隐藏叠加、清空叠加、停止闪烁。

2)操作步骤

以叠加报警区为例说明叠加的操作步骤(如图 3.46 所示)。

①选中 PUP"编辑"菜单栏下"报警区",在报警区窗体中选择报警区域,退出并保存。②选中 PUP"设置"菜单栏下"适配数据",点击确认,在弹出的窗体中选择"叠加"选项,勾选产品号和叠加项并确认。

③退出该张雷达图。

④打开第②步确定的产品,在 PUP"叠加"菜单栏中点击"报警区 1"选项,操作完成。

(26)状态功能

1)RPG 可用产品

①意义:显示 RPG 中当前可用产品表的条件是之前至少有一次请求 RPG 中可用产品表是成功的,即存在这样一个列表,列表中包含产品号和一些产品相关的参数。这对于操作员非常有用,可以事先知道请求那些产品更有效快捷。

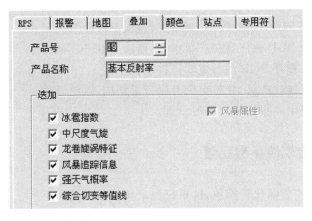

图 3.46 产品叠加项

②操作步骤：→状态→RPG 可用产品→显示（如图 3.47 所示）。

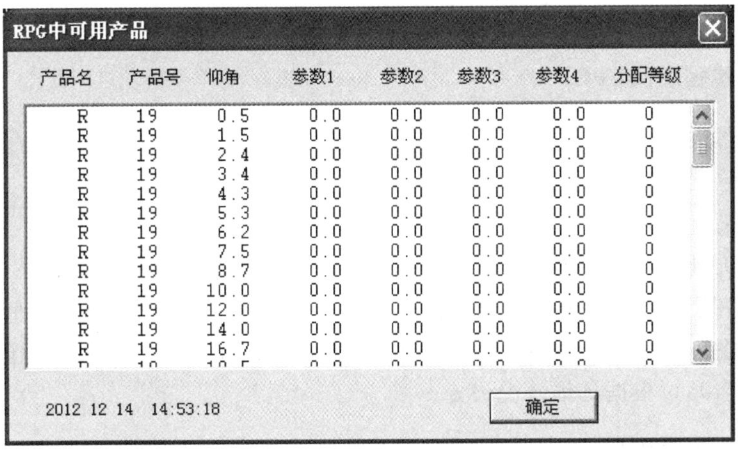

图 3.47 RPG 可用产品

2) 报警状态

①操作步骤：选中 PUP 软件"状态"菜单栏"警报状态"选项。

②可以看到当前所有天气警报的详细信，包括报警区、报警组别、报警种类、临界值代号、临界值、实际值、方位、距离和风暴标识符等（如图 3.48 所示）。

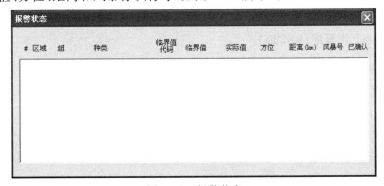

图 3.48 报警状态

(27)CINRAD PUP 控制功能

1)连接操作:选中 PUP 软件"控制"菜单栏"连接 PRG"选项。

2)断接操作:选中 PUP 软件"控制"菜单栏"断接 PRG"选项。

3)通讯线路:用于查看 PUP 是否成功连接到 RPG。

4)产品猎手:用于接收产品,并转存为专用目录结构,以便显示。

5)产品用户:用于生成图像与产品的设置。

3.2　雷达数据上传软件参数配置

数据上传程序的安装都比较简单,这里只做配置参数的说明。

新一代通信系统接收服务器的 IP 地址为 10.148.72.30;雷达基数据及雷达产品目录为 /radr;雷达拼图资料目录为/rad;雷达状态监测数据目录为/mon。

进入新一代代通信系统后,只处理第一次的上传文件,以后上传的重复文件,一律会丢弃,不再进行处理。各传输软件均采用 ftp 传输,端口均默认为 21。

3.2.1　产品上传程序(PUPC)

(1)主服务器参数设置

服务器地址:10.148.72.30,端口 21。

(2)路径设置

源路径为 D:\ftp,是 PUP 终端—控制—产品用户里用于接收产品的目录。

主服务器路径为远程服务器的接收目录为/radr,备份路径为本地路径,间隔时间设置没有硬性规定,设置的时间越短,扫描文件夹的频率越高,数据上传时效性更好,但计算机也相对耗费资源,各个台站可根据具体情况设定。

3.2.2　基数据上传程序(RPGCD)

(1)主服务器参数设置

服务器地址:10.148.72.30,端口 21。

(2)路径设置

源路径为 D:\Archive2,是 UCP 生成原始基数据的目录。

主服务器路径为/radr。

3.2.3　状态文件上传程序(RSCTS)

(1)参数设置

传输方式设置:局域网传输。因为 RSCTS 一般放在 RPG 上,而状态文件在 RDA,是通过映射共享到 Windows 本地来上传的。

传输状态设置:自动。

远程连接设置:服务器 IP 为 10.148.72.30,端口 21。

(2)信息文件

雷达站台号:Z9XXX;雷达识别码 Z9XXX;位置:台站名。

雷达经度/雷达纬度:注意这里的雷达经纬度不是 PUP 产品上的经纬度格式,如 PUP 产品的经纬度设置为经度 111.979,纬度 21.845,海拔 102.72,而这里 RSCTS 应设置为度分秒的格式:如经度 111.979 对应 111°58′44″,在 RSCTS 中填 E111 度 58 分 44 秒;纬度 21.845 对应 21°50′42″,在 RSCTS 中填 N21 度 50 分 42 秒。

雷达类型:SA。

信息文件配置完毕后,若是第一次运行,需点击"生成信息文件",否则 RSCTS 无法传输状态文件。

(3)信息收集

选择本地文件夹,即从 RDA 映射过来的 Monitor 文件夹。

选择远程文件夹/mon(即主服务器路径),文件夹选择好后,依次点击"连接"、"测试"、"传输"即可。

3.2.4　国家拼图程序(TRAD)

软件主要作用是将 PUP 接收到的产品通过 9210 节点机"10.148.72.30"转发,上传至中国气象局(一小时一次,传整点产品),作全国拼图用。TRAD 的"资料路径"由 PUP 决定,在 PUP 工具栏设置/选项/产品中设置。如 PUP 的"产品路径"是 D:\products,则 trad 软件设置中对应的资料路径应设置为 D:\products 下的 yangjaing 文件夹,即是"d:\products\yangjiang"(如图 3.49 所示)。

业务要求中,上传全国拼图的产品有 5 种,分别是:基本反射率 R、VIL、组合反射率 CR、一小时累计降水 OHP 和多普勒速度 V。

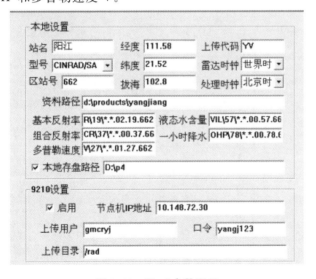

图 3.49　Trad 参数配置

3.2.5　RDA 日志监控软件

雷达资料自动传送软件(台站端)可以监控 Rad 日志文件、Calibration 日志文件、Operation 日志文件、Status 日志文件以及 Alarm 日志文件。通信参数设置如下:

　　广东省气象局通信 IP 地址:10.148.126.162;本台站编号:Z9662;数据路径:Y:\(Y 为 rdasc 计算机的 log 目录在本地的映射盘);LocalIP:3011;RemoteIP:4011。

3.3　软件密码

　　RDASC 适配数据密码为 HIGH,系统登录用户名密码 rda/rda,管理员 root/radar,VNC 登录密码 rdarda,WIN 共享用户和密码都是 rda,UCP 软件参数密码为 WXMAN1 空格,PUP 默认未设置密码。

4　雷达资料存储与整编

4.1　基数据文件整编要求

（1）基数据文件每年必须进行整编。

（2）基数据文件整编以时间序列为线索，统计基数据文件的起止时间、基数据文件的种类及个数等。

（3）整编结果形成文档，保存在雷达站。

4.2　灾害性天气过程个例资料整编要求

按天气过程发生的时间顺序对观测资料进行刻录，当年灾害性天气过程个例资料整编光盘于次年 5 月份左右上交。

4.2.1　个例资料整编内容

（1）"资料数据"文件夹

1）时间说明文件

文件名为 time. txt。文件中应说明本张光盘刻录的资料的起、止时间，本张光盘刻录天气过程的类型，本次过程资料共刻录了几张光盘，本张光盘为第几张。

2）"资料"文件：

"资料"文件包括的内容有过程的基数据、产品数据、雷达状态信息。

（2）"备注"文件夹

应按《新一代天气雷达灾害性天气过程个例资料整编内容》（附件 2）要求分别建立 3 个文件。

1）"天气过程描述文件"

文件名为 description. doc。

2）"灾情实况"文件

文件名为 disaster. doc。

3）"雷达运行情况及说明"文件

文件名为 explain. doc，内容包括本次灾害性天气全过程雷达运行参数。

4.2.2　个例整编资料文件名要求

（1）基数据文件名

基数据文件名为 Z_RADR_I_IIiii_yyyyMMddhhmmss_O_DOR_H_雷达型号_扫描方式—工作状态. bin. bz2。

其中:Z 表示国内交换文件;RADR 表示雷达资料;I 表示后面 IIiii 为雷达站的区站号; yyyyMMddhhmmss 为观测时间(年、月、日、时、分、秒,用世界时);O 表示为观测资料;H 表示 为历史资料,DOR 表示多普勒雷达,雷达型号具体标识符见表 4.1;雷达扫描方式统一为体扫 方式(VCP);工作状态说明具体见表 4.2;bin 表示二进制文件;bz2 表示使用 bzip2 压缩后的 文件,如果不压缩,后面没有 bz2 后缀。

表 4.1　雷达型号

雷达种类	说明	标识符
多普勒天气雷达	S 波段,SA 型雷达	SA
	S 波段,SB 型雷达	SB
	S 波段,SC 型雷达	SC
	C 波段,CB 型雷达	CB
	C 波段,CC 型雷达	CC
	C 波段,CD 型雷达	CD
	C 波段,CCJ 型雷达	CCJ

表 4.2　雷达观测时的工作状态

工作状态说明	标识符
降水观测模式 1	11
降水观测模式 2	21
警戒观测模式	31
自选观测模式	00

(2)产品数据文件名

产品数据文件名为 Z_RADR_I_IIiii_yyyyMMddhhmmss_P_DOR_ H_雷达型号_产品标 识_分辨率_覆盖范围_仰角. ID. bin. bz2。

其中:Z 表示国内交换文件;RADR 表示雷达资料;I 表示后面 IIiii 为雷达站的区站号; yyyyMMddhhmmss 为观测时间(年、月、日、时、分、秒,用世界时);P 表示产品;DOR 表示多普 勒雷达,雷达型号具体见表 4.1,H 表示为历史资料,产品标识、分辨率、覆盖范围和仰角规定 见下表 4.3,在文件名中分辨率、仰角的值为表 3 中的值乘 10;ID 为雷达站号,共 3 位;bin 表 示二进制文件;bz2 表示使用 bzip2 压缩后的文件,如果不压缩,后面没有 bz2 后缀。

文件名说明:所有字段之间用一个"_"分割,DOR 字段前面为强制字段,DOR 后面的其他 字段如果没有编码,要使用"NUL"代替,表示此字段没有编码;如果产品为文本文件,把"bin" 改为"txt";除了结尾处的 bin(或 txt)和 bz2 前面有"."号外,文件名的其他位置中不能出现 "."号。

(3)雷达状态信息文件名

雷达状态信息文件名为 Z_ RADR_I_ IIiii_yyyyMMddhhmmss_R_DOR_雷达型号_ SRSI. txt。

其中:Z、RADR、I、IIiii、yyyyMMddhhmmss、DOR 和雷达型号含义与前面相同;R 表示系 统状态信息;SRSI 表示为雷达运行状态信息;txt 表示为文本文件。

表 4.3 多普勒部分产品

产品名称	产品号	产品标识	分辨率（km）	覆盖范围（极坐标,km）（笛卡儿坐标,km×km）	仰角（°）
基本反射率	19	R	1.0	230	0.5、1.5、2.4
	20	R	2.0	460	0.5、1.5、2.4
基本速度	26	V	0.5	115	0.5、1.5、2.4
	27	V	1.0	230	0.5、1.5、2.4
组合反射率	37	CR	1.0×1.0	230	
	38	CR	4.0×4.0	460	
回波顶	41	ET	4.0×4.0	230	
VAD 风廓线	48	VWP	2.0 m/s	N/A	
弱回波区	53	WER	1.0	50×50	
风暴相对径向速度	56	SRM	1.0	230	
垂直累积液态水含量	57	VIL	4.0×4.0	230	
风暴追踪信息	58	STI	N/A	345	
中尺度气旋	60	M	N/A	230	
1 小时降水	78	OHP	2.0	230	
3 小时降水	79	THP	2.0	230	
风暴总降水	80	STP	2.0	230	
反射率等高面位置显示(CAPPI)	110	CAR	1.0	230	

基数据整编统一采用 CINRAD/SA 数据格式,非敏视达雷达(即 CINRAD/SC/CC/CD/CCJ)采用气象移植软件后生成的基数据进行整编。

基数据、产品数据文件整编的文件名要统一采用本命名规则进行文件命名。雷达站要将通过敏视达软件采集的基数据和产品数据文件的文件名转换为本命名规则要求的文件名保存。

4.2.3 个例资料归档光盘封面格式要求

光盘封面格式由六部分组成:光盘索引编号;刻录天气过程类型及过程发生地;数据起止日期;压缩文件及其版本号;雷达型号及其生成软件版本号;光盘刻录单位及刻录时间。

(1)光盘索引编号格式

类型:E,表示灾害性天气过程个例。

站名:雷达站区站号(如:福州区站号 Z9591)。

存储等级:A 级,表示该光盘内刻录的资料为上交大气探测技术中心保存;B 级,表示该光盘内刻录的资料为上交省级气象数据管理中心保存;C 级,表示该光盘内刻录的资料在雷达站保存)。

年份:本光盘刻录资料的年份。

序号:为观测雷达站本年度刻录光盘的流水号。

例：E－Z9591－A－2005－005，表示本光盘保存的为福州雷达站上交大气探测技术中心保存的 2005 年序号为 5 号的灾害性天气过程资料。

（2）刻录天气过程类型、过程出现地点

标明刻录天气过程类型，如暴雨、冰雹、热带气旋等。标明过程出现地点（精确到乡镇）。

（3）数据起止日期格式

如 2005 年 1 月 1 日 00 时—1 月 31 日 24 时资料，编为：2005010100—2005013124。

（4）压缩文件及其版本号

如 Winrar3.20。

（5）雷达型号及其生成软件版本号

如 CINRAD/SA PUP 软件 10.8.1.S.C 编为 CINRAD/SA 10.8.1.S.C。

（6）光盘刻录单位及刻录时间

如福州雷达站 2005－3－5 刻录，编为 Z959120050305。

整个光盘封面格式如图 4.1 所示。

```
1.光盘索引：E－Z9591－A－2005－005

2.天气类型：暴雨；发生地点：XXXX

3.刻录数据启止时间：2005010100－2005013124

4.压缩文件及版本号：Winrar3.20

5.雷达型号及生成软件版本号：CINRAD/SA 10.8.1.S.C

6.光盘刻录单位及时间：Z959120050305
```

图 4.1　光盘封面格式

5 基数、错情统计及考核指标算法

新一代天气雷达业务基数及错情由雷达观测业务和雷达保障业务基数及错情组成。各新一代天气雷达台站应建立雷达业务交接班制度,雷达业务交班人员应统计每日工作基数和错情,接班人员要对上一班的工作基数和错情进行校对,并及时纠正,接班人员未校对出错误,后期审核发现后出错人按实际错情计算,接班人员按实际错情的一半计算。

5.1 雷达业务基数统计

5.1.1 雷达观测业务个人基数统计

(1)数据与产品

雷达观测业务人员值班期间应确保雷达基数据正常采集和存储,确保雷达产品正常生成。

①数据采集基数

按规定要求,雷达正常采集存储基数据的,每小时计 0.5 个基数;当基数据采集存储不满 1 小时时,该小时内基数据正常采集存储时间大于 30 分钟的,计 0.3 个基数,小于 30 分钟的,计 0.2 个基数;未采集存储的不计基数。采集的基数据应及时存储,未存储则不计基数。

②产品生成基数

按规定要求,雷达正常生成业务要求所有产品的,每小时计 0.5 个基数;当正常生成产品时间不足 1 小时时,该小时内正常生成全部产品时间大于 30 分钟,计 0.3 个基数,小于 30 分钟的计 0.2 个基数;未正常生成全部产品的不计基数。

(2)数据与产品传输

雷达观测业务人员值班期间应确保雷达数据和产品正常传输。

①雷达基数据传输

按规定要求,向国家气象信息中心及时传输雷达基数据的,每小时计 0.5 个基数;1 小时内及时传输一半以上基数据的,计 0.3 个基数,传输一半以下基数据的,计 0.2 个基数;未及时传输的不计基数。

②雷达产品传输

按规定要求,向国家气象信息中心及时传输规定要求的全部雷达产品的,每小时计 0.5 个基数;1 小时内及时传输一半以上产品的,计 0.3 个基数,传输一半以下产品的,计 0.2 个基数;未及时传输的不计基数。

(3)雷达状态信息采集和传输

雷达观测业务人员值班期间应确保雷达状态信息正常采集和传输。

按规定要求,雷达正常采集和传输状态信息的,每小时计 0.5 个基数;1 小时内正常采集和传输一半以上状态信息的,计 0.3 个基数,正常采集和传输一半以下状态信息的,计 0.2 个基数;未正常采集和传输的不计基数。

（4）观测与联防

①观测分析基数

雷达观测业务人员应随时关注雷达回波情况，并按下面要求记录观测、分析情况。汛期每日 08、11、14、17、20、23 时为定时记录观测、分析情况时间，非汛期每日 11、14 时为定时记录观测、分析情况时间。按要求完成观测、分析记录的，每次计 2 个基数。

预测、发现天气系统或业务需要连续观测时，除按上述要求定时记录观测、分析情况外，还应连续每 3 小时填写一次观测、分析记录，直至系统过程或观测任务结束。按要求完成观测、分析记录的，每次计 2 个基数。

当雷达维护、故障维修期间不能进行观测时，不计基数也不计错情，但应在《新一代天气雷达观测记录簿》中注明。

②联防基数

雷达观测业务人员应连续监视重要天气过程，及时向有关单位发送观测和预警信息，开展联防工作。按要求完成上述工作的，每日计 10 个基数。

（5）报表基数

雷达月质量报表编制共计 60 个基数，校对计 30 个基数。

（6）资料整编

1）基数据整编

月基数据整编：雷达采集的基数据每月应在雷达系统机外妥善保存，完整整理、保存当月基数据的，计 70 个基数。

年基数据整编：按规定每年进行基数据整编的，共计 140 个基数，计入整编完成当月内。其中，按规定进行整编的，计 80 个基数，整编资料在雷达台站妥善保存的，计 30 个基数，整编资料按规定归档到省气象数据管理部门的，计 30 个基数。

2）个例资料整编

按规定每年对灾害性天气过程或具有科学价值的个例进行整编，每完成一例个例整编，计 20 个基数，其中天气过程雷达基数据、产品数据资料按规范整编的计 8 个基数，天气过程描述按规范整编的计 4 个基数，灾情实况材料按规范整编的计 4 个基数，雷达运行情况及说明按规范整编的计 4 个基数，每年个例资料整编 200 个基数，计满为止，计入整编完成当月内。

按规定将整编的资料汇交省级气象数据管理部门并同时备份保存在雷达站的另计 20 个基数。

以上项目由多人完成的（如雷达报表、基数据文件整编、个例资料整编等），按实际个人工作量分配基数。

5.1.2　雷达保障业务个人基数统计

（1）设备维护

1）日维护：每日按照日维护记录表内容进行日维护，并于当日在 ASOM 系统中填写日巡查记录的计 20 个基数，未进行日维护的不计基数。

2）周维护：每周按照周维护记录表内容进行周维护，并于完成后 48 小时内在 ASOM 系统中填写周维护记录的计 40 个基数，未进行周维护的不计基数。

3）月维护：每月按照月维护记录表内容进行月维护，并于完成后 48 小时内在 ASOM 系统中填写月维护记录的计 50 个基数,未进行月维护的不计基数。

4)年维护及巡检:参与本站雷达年维护和巡检工作,并于年维护和巡检工作结束后 72 小时内在 ASOM 系统中填写年维护和巡检记录的,分别计 50 个基数,年维护和巡检基数计入工作完成当月的保障业务人员工作基数。

巡检、年、月、周、日维护可按相应内容同时进行,并分别在 ASOM 系统中填报,分别计算基数。

因持续跟踪天气过程或业务特殊需要,不能停机进行雷达周维护、月维护的,不计维护基数也不计错情,但应在周维护、月维护记录表注明原因。

(2)故障维修

当班的雷达保障业务人员要实时监控台站的雷达、通信、供电等设备运行状况。台站的雷达、通信、供电等设备正常运行的,每日计 10 个基数。设备出现故障时,按以下项目计算基数:

①每次故障按要求及时在 ASOM 系统中上报故障和填报故障维修记录的计 2 个基数。

②台站能够解决的故障,6 小时内及时排除的计 8 个基数;6～12 小时内排除的计 6 个基数;12～24 小时内排除的计 4 个基数;24～48 小时内排除的计 2 个基数;48 小时以后排除的计 1 个基数。

③台站无法解决的故障,12 小时内将故障情况及时通知省级保障部门或设备厂家并要求给予技术支持的计 2 个基数。

本条所称的雷达、通信、供电等设备故障是指影响雷达正常业务运行,需要中断设备运转检修处理的故障。

(3)防雷检查

雷达台站负责人或保障业务人员每年联系当地有资质防雷检测机构进行雷达防雷设施年检的,计 60 个基数(防雷设施年检报告以当地有资质防雷检测机构出示的正式检测报告为准),防雷设施年检基数计入检测当月雷达台站负责人或保障业务人员基数内。

(4)消防检查

雷达台站负责人或保障业务人员每年应对雷达站消防工作进行检查,按照消防设施规定的有效年限及时联系有资质检测机构进行检测并出具检测报告,按要求完成的计 60 个基数,消防设施检查基数计入完成当月雷达台站负责人或保障业务人员基数内。

(5)备件、仪器、仪表保管保养

雷达备件、仪器、仪表保管保养应由专人负责。对雷达备件能妥善保管并及时上报备件需求情况,同时在 ASOM 系统中按要求填报备件储备情况且及时进行动态更新的,每月计 20 个基数;对雷达仪器、仪表正确保养并每月进行检查维护的,每月计 30 个基数。

以上雷达维修维护项目由多人完成的,按完成工作量分配基数。

(3)雷达台站基数统计

雷达观测业务和雷达保障业务个人基数的总和为该雷达台站的基数。

5.2　雷达业务错情统计

5.2.1　雷达观测业务个人错情统计

(1)开关机时间错:业务规定观测时段内无故未开机的,计0.5个错情/小时,10个错情计满为止。无故未开机而影响重要天气过程观测的,为重大差错,计15个错情/次。

(2)开关机操作错:未按观测规定和技术说明书中开关机操作步骤正确开关雷达(包括安全、通信网络、相关软件检查等内容),造成设备损坏影响正常观测业务或造成人员伤害的,为重大差错,出现一次计15个错情;造成雷达采集数据及产品不正常的,出现一次计5个错情;未造成影响的出现一次计2个错情。

(3)雷达设置错:随意更改雷达设置或配置文件,造成雷达采集数据及产品不正常的,出现一次计5个错情;未造成影响的出现一次计2个错情。

(4)系统软件监控错:雷达观测业务人员值班期间,要随时监控雷达数据采集存储、产品生成、数据产品传输、雷达状态信息采集和传输等系统软件运行状况,软件出现故障12小时后未进行处理或未向有关保障部门和管理部门报告的,计4个错情;软件出现故障4小时后未进行处理或报告的,每延时一小时计0.5个错情,4个错情计满为止。

(5)观测记录错:伪造观测记录为重大差错,出现一次计15个错情;未按规定进行观测记录的,出现一次计2个错情;观测记录中错、漏一个观测项目,计0.2个错情,一次观测记录2个错情计满为止。观测项目以《新一代天气雷达观测记录簿》中的观测项目为准。

(6)报表错:雷达月质量报表报出后被审核有错、漏情况发生时,错、漏一项计0.2个错情,每月2个错情计满为止,报表错情编制和校对各占一半。

(7)观测资料丢失:因人为原因导致出现1天以上(含1天)基数据或观测记录丢失为重大差错,出现一次计15个错情;丢失1天以内数据或观测记录的,出现一次计5个错情;整编的个例资料因人为原因丢失的,丢失一次过程资料计2个错情。

(8)值班日志或统计报表丢失:雷达观测业务人员应妥善保管值班日志和各类质量统计报表,因人为原因丢失值班日志和各类质量统计报表的,出现一次计5个错情。

雷达观测业务人员出现重大差错除按以上标准统计错情外,还应依据相关规定给予相应处罚。

5.2.2　雷达保障业务个人错情统计

(1)日常维护错

1)无故未进行日维护的计1个错情;进行日维护但未在ASOM系统中填写日巡查记录的计0.1个错情;日维护项目不全,按照日维护记录表内容每错、漏一项计0.1个错情,每日1个错情计满为止。因故没有进行日维护的,应在维护记录表中详细填写理由。

2)无故未进行周维护的计2个错情;进行周维护但未在ASOM系统中填写周维护记录的计0.2个错情;周维护项目不全,按照周维护记录表内容每错、漏一项计0.2个错情,每周2个错情计满为止。因故没有进行周维护的,应在维护记录表中详细填写理由。

3)进行了月维护但未在ASOM系统中填写月维护记录的计0.4个错情;月维护项目不全

的,按照月维护记录表内容每错、漏一项计 0.4 个错情,每月 4 个错情计满为止。

4)伪造维护记录、无故未进行 1 次月维护、2 次周维护或 10 日以上日维护的,为重大差错,出现一次计 15 个错情。

5)影响雷达定标的故障排除后未及时进行标校及记录的,一次计 5 个错情。

(2)故障维修错:当班的雷达保障业务人员要随时监控雷达、通信、供电等设备运行状况,设备出现故障 12 小时后未进行维修处理或向省级保障部门和管理部门报告的,计 4 个错情;设备出现故障 4 小时后未进行处理或报告的,每延时一小时计 0.5 个错情,4 个错情计满为止。

(3)维修信息填报错:值班的雷达保障业务人员要及时通过 ASOM 系统上报设备故障情况,并及时更新故障维修信息。雷达故障停机时间超过 1 小时仍未发布停机通知的,计 0.5 个错情;故障维修工作结束时间超过 1 小时仍未关闭停机通知的,计 0.5 个错情;雷达故障停机时间超过 3 小时仍未填报故障单的,计 1 个错情;故障维修工作结束时间超过 2 小时仍未关闭故障单的,计 1 个错情;未更新故障维修信息的计 1 个错情。

(4)防雷检查错:雷达台站负责人或保障业务人员未按要求联系有资质防雷检测机构进行雷达防雷设施年检的,为重大差错,计 15 个错情。

(5)消防检查错:雷达台站负责人或保障业务人员未按要求开展雷达站消防工作年度检查的计 5 个错情;消防设施达到规定使用年限,未联系有资质消防检测机构进行检测的,为重大差错,计 15 个错情。

(6)备件、仪器、仪表保管保养错:雷达保障业务人员应妥善保管保养雷达备件、仪器、仪表。因人为保管保养不善,造成雷达重要备件、仪器、仪表损坏影响正常业务,或造成雷达重要备件、仪器、仪表丢失的,为重大差错,出现一次计 15 个错情。

(7)维护资料丢失:雷达保障业务人员应妥善保管雷达运行状态日志和各类技术档案,因人为原因丢失雷达运行状态日志和各类技术档案的,出现一次计 2 个错情。

以上由多人完成的雷达维修维护项目出现的错情,按实际个人错情,分别计算并统计至相关人员的错情中。

当雷达保障业务人员出现重大差错时,除按以上标准统计错情外,还应依据相关规定给予相应处罚。

5.2.3　雷达台站错情统计

雷达观测业务和雷达保障业务个人错情数的总和为该雷达台站的错情数。

5.3　考核指标算法

为使各雷达台站之间、雷达业务人员之间的工作质量具有可比性,本规定采用错情率(包括:台站错情率、个人错情率)对雷达业务质量情况进行评定。

错情率算法:

个人月错情率=(个人月错情合计/个人月基数合计)×1000‰

个人年错情率=(个人年错情合计/个人年基数合计)×1000‰

既从事雷达观测又从事雷达保障业务人员个人基数合计及个人错情合计,分别为其所具体从事的雷达观测业务与雷达保障业务基数之和及错情之和。

雷达台站月错情率＝(雷达台站月错情数/雷达台站月基数)×1000‰

其中,雷达台站月错情数为雷达观测业务和雷达保障业务个人月错情数总和;雷达台站月基数为雷达观测业务和雷达保障业务个人月基数总和。

雷达台站年度错情率＝(雷达台站年度总错情数/雷达台站年度总基数)×1000‰

其中,雷达台站年度总错情数为雷达台站全年月错情数总和,雷达台站年度总基数为雷达台站全年月基数总和。

5.4　业务质量月报表内容及注意事项

(1)内容

《新一代天气雷达业务质量月报表》由新一代天气雷达个人业务质量月报表(基数表)、新一代天气雷达业务质量月报表(错情表)和新一代天气雷达台站业务质量月报表 3 个表组成。

(2)注意事项

1)报表文件名格式:XX 雷达业务质量 YYYYMM. xls。其中,XX 为台站名,YYYYMM为报表记录时间。如:XX 雷达业务质量 201308. xls。

2)报表填报完成,经审核人审核后,每月 5 日前上传给省局装备中心和省局业务处。

3)个例整编基数记录在完成当月的质量报表上。

4)当月周维护超过 4 次时,按 4 次来记录。

5)建议备注栏上填写基数缺少情况或错情情况,以方便核对。

5.5　台站常见错情

(1)基数统计工作不仔细,值班人员没有校对上班基数和错情,容易出现统计报表错情。

(2)观测记录簿填写不认真,有漏值班签名和交接班时间现象。

(3)雷达非正常停机时,ASOM 监控平台填写不及时或不正确。

6 雷达机务报表

6.1 机务报表内容

机务报表包含：

(1)新一代天气雷达运行报告；

(2)新一代天气雷达性能参数记录表；

(3)新一代天气雷达两广珠江强对流天气监测联防报表；

(4)新一代天气雷达观测月报表；

(5)新一代天气雷达故障统计表；

(6)新一代天气雷达故障记录表；

(7)新一代天气雷达工作月报表；

(8)新一代天气雷达报警信息记录表；

(9)新一代天气雷达保障运行月报表；

(10)新一代天气雷达维护记录表。

其中最后一项《新一代天气雷达维护记录表》由 5 个细表组成,分别是《新一代天气雷达日维护记录表》《新一代天气雷达周维护记录表》《新一代天气雷达月维护记录表》和《新一代天气雷达年维护表》。

6.2 机务报表填报注意事项

(1)雷达运行报告要简洁描述本月雷达的运行状况和本月天气情况。

(2)雷达报警信息记录表根据"大探 ASOM"平台雷达状态信息记录来填写。

(3)日维护、周维护、月维护要根据"大探 ASOM"平台运行监控"大探 ASOM"平台信息来填写。季维护每年 3 月、6 月、9 月、12 月填写。

(4)机务报表填报完成,经审核人审核后,每月 5 日前上传给探测数据中心和监网处。

7　雷达备件管理与油机维护

7.1　雷达系统设备的备件储备及管理要求

（1）建立雷达站级（三级）备件储备库和储备管理制度。

（2）定期对储备备件进行检查，并将检查情况向省级保障部门报告，并抄送国家级保障部门。

（3）对更换的带故障的大型器件和"板级"以上的器件，及时送省级或国家级保障部门进行检修。

国家级、省级、台站级三级可按备件清单分级储备；国家级和省级也可根据备件实际消耗情况跨级储备备件，即国家级可储备省级或台站级备件，省级可储备台站级备件，若台站或省级需使用跨级备件库备件，须在使用后的下一年度购买相同新备件补充到跨级备件库中。

7.2　雷达备件三级清单

CINRAD/SA 雷达备件三级清单详见附件，对于未列气探函〔2011〕122 号文附件雷达备件三级清单范围内的雷达备件，按以下原则划分级别：单价在 5 万元以上的备件列入国家级备件；单价在 2—5 万元的备件列入省级备件；单价在 2 万元以下的备件列入雷达站级备件。

7.3　油机维护守则

（1）油机开关机严格按照《油机开关事项》进行。

（2）机房内保持整洁，严禁烟火。

（3）油机加水时，不能使用自来水，要用纯净水。

（4）油机日常（台风、暴雨等除外）不启用自动控制系统运行，确保外线安全。

（5）定期热机（每星期 1 次）。雷达站负责热机、维护工作。

（6）做好开关机及维护的记录工作。

（7）做好备油工作，保证关键时刻燃料充足。

（8）油机工作期间，雷达站当班人员、保安员要每小时巡查。

（9）定期更换三滤（柴油滤清器、机油滤清器、空气滤清器）和机油。

（10）油机维护与检修必须要求两个人共同进行，严禁一人进行危险操作。

7.4　油机开关机步骤

（1）开机步骤

1）配电机柜总开关断开（OFF）。

2）检查油机水箱水位是否达到标定位置。

3）运行油机监控系统（轻按显示面板"ON"键）。

4）检查油机静态参数。按面板"油机图标"对应检查油量、水温、电池电平。

5）打开门窗，保持通风散热系统正常工作。

6）运行油机（轻按显示面板"AUTO"键）。

7）油机供电开关置"ON"位置，配电机柜总开关合上（ON）。

8）检查油机动态参数（轻按显示面板"U"和"I"键，检查输出电压和电流）。

（2）关机步骤

1）市电正常后，油机自动关机，则轻按显示面板"STOP"键（油机的自动状态转换为手动状态）。

2）油机供电开关置"OFF"位置。

3）待油机冷却后，关闭各个门窗。

8　维护维修实例

8.1　CINRAD/SA 闪码故障统计分析与排查方法

天线伺服系统是 CINRAD/SA 天气雷达的重要组成部分,其大部分组件长期处于机械运转中,且线路复杂,是雷达系统中故障率较高的部分。其中,闪码故障发生概率一直居高不下。对全国各 CINRAD/SA 台站收集到的 68 个闪码故障案例进行统计分析,结果表明电机、旋转变压器、汇流环、轴角编码盒、光纤链路、数字控制单元等环节均有可能导致闪码。本章结合了 CINRAD/SA 雷达伺服系统天线角码信号流程和关键点的参数特征,对可能导致雷达闪码故障的所有环节逐个进行分析,归纳总结出 CINRAD/SA 雷达出现此类故障的排查方法,并从收集的案例中选取 5 个典型个例展开分析。

8.1.1　伺服系统天线角码信号流程

CINRAD/SA 雷达伺服系统分为直流和交流,早期建设的 SA 一般采用直流伺服系统,后期进行技术改进后采用了更加稳定、维护更加方便的交流变频数字伺服系统。直流伺服系统和交流伺服系统的天线角码信号流程分别如图 8.1、8.2 所示。电机轴带动减速箱输入轴转动,减速箱输出齿轮与大齿轮啮合使天线分别绕俯仰轴、方位轴转动,进一步带动同步机运转。这是动力驱动部分,直流伺服与交流伺服相同。同步机带动旋变或光码盘使天线机械信号转变为角码数据信号,角码数据信号经过编码、传输等环节送入伺服监控单元。

CINRAD/SA 雷达的交流伺服系统与直流伺服系统相比,有以下五点区别:

(1)交流伺服的方位和俯仰支路各用一个独立的轴角编码盒和光码盘(代替直流的旋转变压器)。

(2)交流伺服采用三相交流永磁同步电机,用电子换向器代替机械换向器(碳刷)。由于不存在碳刷磨损,提高了伺服系统运行稳定性与可维护性,并在变频器中增加了速度、电流、脉宽等参数调整功能,满足了系统高动态响应的要求。

(3)直流伺服中俯仰角码信号先经汇流环后再跟方位角码信号一起送入轴角盒,而交流伺服中,交流的俯仰角码,是先经轴角盒编码后再到汇流环,然后送到上光纤板。所以交流伺服系统中的汇流环传输的是经轴角盒进行编码后的数字信号,而直流伺服系统中的汇流环传输的是模拟信号。

(4)直流伺服系统中,上光端机供给直流轴角盒电压为 +15 V,交流伺服系统中,上光端机供给交流轴角盒电压为 +5 V。

(5)交流电机的测速信号与直流电机测速信号传输路径不一样,直流伺服系统中的测速信号由直流电机自带的测速机产生,俯仰电机的测速机信号先通过汇流环传输,而后与方位电机的测速机信号一起经由直流轴角盒进入上光端机,通过光纤链路送入伺服监控单元;交流伺服系统的测速机信号经由各自的电机反馈线缆进入交流功放单元(俯仰测速机信号中途须经汇流环),经过交流功放的变生再进入伺服监控单元。

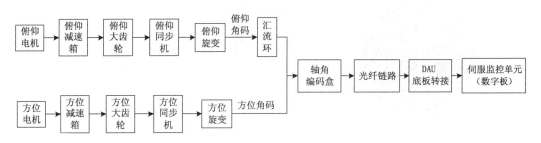

图 8.1 直流伺服系统天线角码信号流程

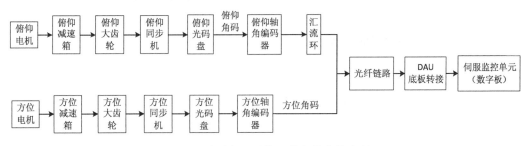

图 8.2 交流伺服系统天线角码信号流程

8.1.2 闪码个例统计情况分析及分析结果

通过对从全国各 CINRAD/SA 雷达台站采集到的 68 个闪码案例进行对比分析,然后对其故障归属进行统计(如图 8.3 所示),得出以下分析结果:

(1)68 个闪码案例中,俯仰闪码占 59 例(约 86.8%)、方位闪码占 9 例(约 13.2%)。进一步统计发现,59 例俯仰闪码个例中有 28 例(约 47.5%)是由于汇流环故障所致。俯仰闪码故障发生次数远比方位闪码次数高的主要原因有两点:

1)不管是直流还是交流,俯仰角码数据与方位角码数据的信号传输流程均不相同,前者须先通过汇流环才能到光纤链路,而方位角码数据不用经过汇流环;

2)汇流环负责传输天线的俯仰角码信号和状态信号,存在滑轨积碳、碳刷磨损或内部漏油等问题,容易引起环与环之间漏电路径的改变,从而造成线路之间的电容和电路之间的电干扰(即串扰)。

(2)除汇流环外,轴角盒、光纤链路故障各导致 12 例闪码,DCU 故障导致 10 例,电机故障导致 4 例,旋转变压器或光码盘故障导致 2 例。在图 8.1、8.2 中可以看出,无论是直流还是交流,光纤链路和伺服控监单元均属于角码数据的公共支路;电机、旋变或光码盘均位于俯仰和方位角码数据各自的支路上。因轴角盒原因引起的 12 例闪码故障中有 9 例属于直流伺服,3 例属于交流伺服,直流伺服系统中轴角盒位于公共支路,交流伺服中轴角盒位于俯仰、方位角码数据各自的支路上。由此可见,除汇流环因素外,由角码数据公共支路导致的闪码故障占据绝大部分,而由俯仰、方位角码数据各自支路引起的闪码故障相对较少。

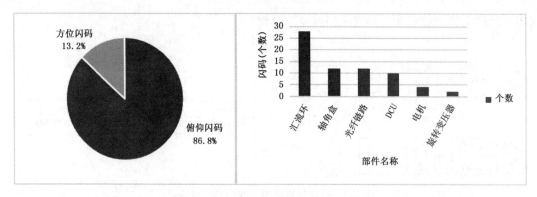

图8.3　国内CINRAD/SA台站天线闪码故障归属统计(2002—2013)

8.1.3　闪码故障源分析及排查方法

8.1.3.1　故障源分析

雷达闪码会导致回波异常、雷达强行停机、天线砸头等故障,信号链路中几乎每个环节均有可能造成闪码。

(1)电机

电机包含驱动电机和测速机,测速机负责提供电机的转速信号,俯仰电机的测速机信号先通过汇流环传输,然后与方位电机的测速机信号一起经轴角盒进入上光端机,通过光纤系统的变换传输与重建,进入RDA机柜,经过DAU的转接最终进入DCU。直流驱动电机碳刷积碳、磨损严重也会导致电机转速不稳定,误差电压摆动幅度较大并且抖动。经过信号通道传到DCU,DCU的轴角显示板就会出现闪码(若是交流电机,有两点区别:交流电机没有碳刷;测速机信号需通过交流功放的变生才能进入DCU)。

电机的检测方法通常有以下两种:

1)检测反馈波形。检测点位于DCU的模拟控制板(AP1)上,方位支路检测R63电阻波形,俯仰支路检测R166电阻波形。正常情况下,反馈波形会随着速度高低电平的高低变化。

2)检测电机阻值。正常情况下,电机两个粗针(电机供电输入端字母为I、H)电阻为5 Ω左右,两个细针(电机测速机输入端字母为A、B)正常为24~35 Ω左右。

(2)旋转变压器

在直流伺服系统中,旋转变压器主要完成对天线轴角位移信息的检测,将机械信号转变为模拟电信号,旋变故障会造成对应输出的粗精级信号畸变或消失。按旋变引脚说明,一般情况下,接线片Z1接激磁电源"+"端,接线片Z2接激磁地;D1、D3、D5、D7为两组互相正交的正余弦模拟信号输出(两者之间波形非对地波形),而D2、D4、D6、D8则为GND,无波形输出。当然如果引脚接线不同,输出对应波形的引脚自然也不同。

通常有以下两种方法对旋变进行检测:

1)测量旋转变压器各相绕组直流电阻,激磁端参考值:$R_{Z1Z2}=24.5$ Ω$(1\pm15\%)$;输出端参考值:粗机$R_{D1D2}=R_{D3D4}=336.2$ Ω$(1\pm15\%)$,精机$R_{D5D6}=R_{D7D8}=494.9$ Ω$(1\pm15\%)$。

2)检测旋变激磁电压波形及旋变粗、精信号输出波形。如图8.4所示,正常情况下,粗机、精机端最大空载输出电压(对地波形)均为(11.8 ± 1.18) V;激磁电压输入端Z1输出额定电压为 26 V,额定频率为 400 Hz 的正弦波形(Z1Z2 两脚之间)。

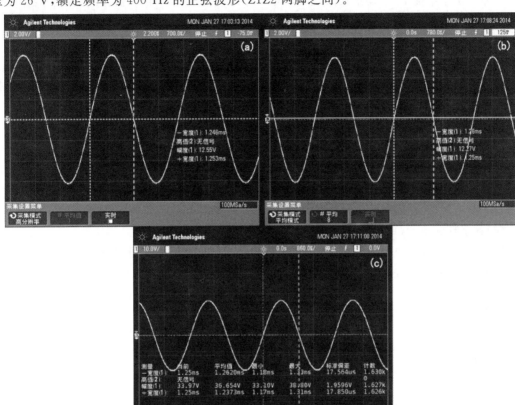

图 8.4　粗机电压(a)、精机电压(b)、激磁电压(c)的波形图

(3)汇流环

通过对汇流环结构分析,看到汇流环的接触面是每个导电环的圆周面,每一环形成一个信号通道,环与环之间用绝缘环隔开。要保证天线正常运转,必须保证传输到天线的俯仰电信号和状态信号灵敏畅通,保证天线有良好的润滑,所以经常擦拭汇流环和定期换油是天线维护的重要内容。一旦汇流环出现滑轨积碳过多、碳刷磨损严重或失去弹性、碳刷不位于滑轨中间位置以及轨道上有裂缝等故障时,必然造成俯仰信号不能可靠地传输。通过用无水酒精清理滑轨、更换碳刷、调整碳刷位置以及更换汇流环等方法可以解决由汇流环引起的俯仰闪码故障。

(4)轴角编码盒

轴角编码盒由激磁信号发生器、RDC 电路以及 PLD 可编程逻辑器件组成。轴角编码盒接地不好或输出的串行轴角数据出现错误可能引起闪码。通常通过反馈信号来检测轴角盒,检测点位于 DCU 的数字控制板(AP2)上。从天线座传输的方位轴角数据经过 XS(J)11 的 26 脚 A(＋)、24 脚 A(－),分别输入到 AP2 板上接收器 D25 的 2 脚和 1 脚。俯仰轴角数据经过 XS(J)11 的 22 脚 E(＋)、29 脚 E(－),分别输入到接收器 D25 的 6 脚和 7 脚,D25 的输出端 3 脚是串行的 TTL 电平的方位轴角数据,5 脚是串行的 TTL 电平的俯仰轴角数据。它们都是 14 位数据,前面 13 位是轴角数据,最后一位是相应支路的激磁检测位,该信号高电平正常,低电平故障。正常情况下,手动推动天线时,DCU 的 AP2 板上 D25 接收器波形呈现有规律连续变化。如果波形无变化、变化无规律、突然展宽或消失,且光纤链路正常,则说明轴角编码盒已损坏,需更换。

(5)光纤链路

光纤链路包括上下光端机及相关光缆,用来传输各类伺服信号和天线状态信号,其中包括角码(方位和俯仰)和测速信号。以下两种情况容易造成轴角闪码:

1)传输过程中碰到干扰(光端机接地不好、微波泄漏);

2)与轴角相关的 DS26LS31 和 DS26LS33 芯片在不加平衡电阻时工作不佳。

第一种情况得视具体干扰而定,若是接地不好则需对光端机外壳进行重新接地,若是微波泄漏导致闪码,则需查出泄露点后再进一步处理;第二种情况可通过在 RS422 协议总线接收端增加平衡电阻的方法解决。

(6)数字控制单元(DCU)

DCU 单元共有五块印制电路板:AP1 模拟板,AP2 数字板,AP3 电源板,AP4 二进制和状态显示板以及 AP5 十进制显示板。其中模拟板和数字板两块印制电路板包含控制和监控天线系统所需的全部电路。电源板上装有一块 AC/DC 转换模块,把 220 V AC 转换成＋300 V DC,还装有 5 块 DC/DC 转换模块,把＋300 V DC 分别转换成＋5 V、＋5 V、＋15 V、−15 V 和＋28 V,其中一种＋5 V 专门用于给轴角显示板供电。印制电路板上都提供了测试点以供实验和寻找故障用,任一印制板出现故障都有可能导致轴角闪码问题。

8.1.3.2 排查方法

根据以上分析,总结出雷达闪码故障的排查方法(如图 8.5 所示),主要从汇流环、轴角盒、光纤链路、数字控制单元、天线电机以及旋转变压器等几方面分析。技术人员应根据故障现象和报警内容展开具体分析与检测。

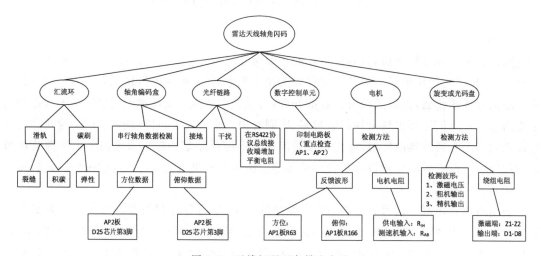

图 8.5 　天线闪码现象排查方法

使用上述方法进行闪码故障排查时,如果是方位闪码,考虑到其信号走向,无须进行汇流环检查这一步骤。无论对交流伺服还是直流伺服,俯仰闪码都应该首先重点检查汇流环;在排除汇流环因素后,俯仰闪码和方位闪码一样,应重点检测天线角码数据的公共支路环节,直流系统重点检查轴角盒、光纤链路和 DCU,交流系统重点监测光纤链路和 DCU;若以上各项环节检查均无异常,则最后检查天线角码数据支路上的电机、旋转变压器或光码盘。

8.1.4 典型闪码故障 5 例

自 2007 年至 2013 年期间,项目小组在全国各 CINRAD/SA 雷达站共采集 68 个天线轴角闪码案例,以下从中选取 5 个典型个例进行分析。

8.1.4.1 闪码故障案例 1

故障现象:2011 年 2 月 13—21 日期间,山东济南 CINRAD/SA 雷达(直流伺服)频发俯仰角闪码并导致天线砸头,方位角正常。

主要检修过程:考虑到俯仰闪码而方位正常,根据俯仰闪码故障排查方法,由于俯仰角码信号通道比方位角码信号通道多了汇流环环节,所以首先应对汇流环进行检查。事实上,通过对闪码时角度日志文件的查阅分析,发现这次俯仰轴角的闪码有特定规律:在各个仰角都会闪码,但都是错误值比实际值大 11°左右。由于这个偏差值并不是轴角的某个权重位对应的固定值(如 11.25、5.625),所以轴角盒损坏的可能性不大,问题应该出现在旋变电压进入轴角盒实施 RDC 模数转换之前。由于旋变的精级绕组输出的满量程对应 11.25°,所以怀疑问题在于精级信号未能经汇流环可靠下传。以上推测得到了 RDC 模块厂商中船 716 所的证实。考虑到 1 月 30 日清理汇流环后,俯仰闪码问题消失,维持到 2 月 6 日后再次出现俯仰闪码,可能是那次清理不够彻底,特别是精级绕组信号对应的轨道问题没有解决。于是 2 月 17 日下午考核结束后再次彻底清理汇流环。当时发现,确实有部分轨道表面一整圈都被一层薄薄的黑色机油覆盖,将脱脂棉蘸用无水乙醇,用改锥将其顶入轨道仔细清理,将天线推到各个角度,对所有信号轨道进行了完整清洗,其后俯仰闪码问题消失,并从 2 月 18 日—2 月 20 日完成了 48 小时拷机。

8.1.4.2 闪码案例 2

故障现象:2010 年 10 月 29—11 月 5 日,广东汕尾 CINRAD/SA 雷达(交流伺服)显示方位、俯仰闪码并导致天线动态报警停机。

主要检修过程:方位、俯仰同时出现闪码现象,如果是支路原因,则两条支路上必须同时出现故障部件才有可能导致两路角码同时闪码,这种可能较小,因而判定问题出现在公共支路环节可能性极大。该站为交流伺服,故重点检查光纤链路和 DCU 单元等公共支路部件。用示波器测得轴角数据的传输中有明显毛刺,为下光纤板 DS26LS31 芯片加上平衡电阻,闪码和毛刺消失。根据上级领导对问题确认的要求,除去平衡电阻复现故障,使用测试程序发现,轴角的闪动基本出现在最高三位,也就是在每次轴角传输的开始阶段。为下光纤板换用 2009 年 4 月以前入库的 DS26LS31 芯片,闪码和数据毛刺立即消失,将该光纤板原有的新近入库的 DS26LS31 芯片再换上使用,问题重新出现,如此反复多次验证,初步判断为芯片的批次质量问题。于是将 2 片 2009 年 4 月前入库的 DS26LS31 芯片换到同一块有问题的下光纤板上,都无闪码,而将新近从库房领出的 3 片 DS26LS31 芯片换到该板上,都闪码。再结合此前总共换过 4 套新近生产的光纤板都不能解决闪码问题,确认是近期的 DS26LS31 芯片质量下降导致。最后根据上级领导要求,为该站换用 2009 年 4 月前入库的可靠 DS26LS31 芯片,同时保留新加的平衡电阻以加大可靠性裕度。

8.1.4.3　闪码案例 3

故障现象:2013 年 5 月 8 日,湖南长沙 CINRAD/SA 雷达(直流伺服)天线方位角闪码导致天线动态报警停机。

主要检修过程:查阅角码日志文件发现方位闪码而俯仰角码正常,根据闪码排查方法,首先排除汇流环原因。由于该站为直流伺服系统,轴角编码盒、光纤链路与 DCU 等环节为公共支路,应重点检查。在测量轴角盒时发现输出电压为零(正常为 12 V 交流),更换新轴角盒后,输出依然为零。固判断后端(方位旋转变压器)有问题,用示波器测量发现方位旋变的激磁电压与粗、精机输出电压波形均不正常。断开后端负载后、新轴角盒输出正常(12 V 交流),旧轴角盒输出偏高(17 V 交流),确定为方位旋转变压器问题。更换新方位旋转变压器后,旧轴角盒负载输出(14 V),新轴角盒为 12 V,旧轴角盒输出偏高,可能会对方位旋转变压器有损害,故更换轴角盒,更换后继续拷机正常。

8.1.4.4　闪码案例 4

故障现象:2011 年 2 月 8—13 日,山东烟台 CINRAD/SA 雷达(直流伺服)天线砸头现象频发,严重影响观测。

主要检修过程:通过查阅日志文件 Rad.log,发现日志记录方位角码正常连续变化,但俯仰角码时有乱码、闪码现象。

(1)根据俯仰闪码排查方法,首先对汇流环进行检查清洗,闪码依旧。测量上光端机 +15 V 输出没有问题,即轴角盒供电正常,而后使用万用表交流档测量方位、俯仰旋变的激磁实际输入,幅度都在 11.73 V,满足高于 11.5 V 的正常工作要求。考虑到之前该站曾更换过两个轴角盒,而方位和俯仰的闪码问题依旧,因而初步判断问题不在轴角盒和旋变部分,需重点检查光纤链路和 DCU 单元。

(2)分析日志可见,DCU 发给 RDA 的 BIT 自检数据是乱码,之所以确认是乱码,原因在于,有奇偶校验报错,并且报警状态字的带符号扩展不对,根据回放视频监控录像,这些 BIT 报警数据对应的时刻,DCU 前面板并无相应的报警灯亮,因此应当是 DCU 与 RDA 的通信链路受到了扰动。因为该链路经 DAU,而光纤系统与 DAU 的交集是下光纤板,故而判断下光纤板导致问题的可能性最大。更换下光纤板后问题解决,连续监控 96 小时日志,轴角无任何闪动。

(3)为防止以后因其他原因再次出现砸头,更换使用自制 DCU 数字板(SA 交流),其上的软件滤波程序在遇到闪码时可控制其波动幅度从而避免对天伺造成影响。

8.1.4.5　闪码案例 5

故障现象:2012 年 6 月 4—14 日,广东汕头 CINRAD/SA 雷达(直流伺服)天线俯仰轴角闪码并导致天线砸头。

主要检修过程:6 月 5 日下午 4 点问题复现,砸头停机后维持闪码状态,根据俯仰闪码排查方法,首先清洗并检查汇流环,俯仰闪码依旧。由于该站为直流伺服系统,应重点检查轴角盒、光纤链路及 DCU 等公共支路部件。继续测量发现,轴角盒的供电与输出均无问题,但发现上光端机给轴角盒的时钟信号毛刺较大。进一步检查下光纤板与 DCU 之间、上光纤板与轴角盒之间数据线路均没有问题,单条电缆上数据的起点和终点波形一致,但光纤系统的输入信号与输出信号不一致,判断问题在上下光纤板之一。继续比对故障发生时和正常情况下的上下光纤板输入信号,发现数据波形周期波动明显,导致上下光纤板编码错误,进而下光纤板输出信号面目全非。原因在于上光端机给轴角盒时钟信号毛刺较大,给上光端机增加平衡电阻后问题解决。

8.1.5　结论

天线轴角闪码故障之所以难判断有以下三方面的原因:

(1)伺服系统导致闪码故障的部件较多,而且分布在多个不同地方,故障随机性大,难以捕捉,造成检修工作难度大;

(2)要求技术人员必须十分熟悉伺服工作原理、角码数据信号通道及闪码有关器件对应的检测方法,熟练使用三相万用表、示波器等检查仪器对关键点参数进行测量;

(3)台站不可能备齐与闪码相关的所有部件,如从其他地方寄过来也会耗费大量时间,势必会对雷达可用性造成严重影响,所以多数情况下用备件替换来判断闪码故障源的方法不可取;如对造成闪码的所有部件进行逐一检测排除,不但非常耗时,也会耗费大量人力物力,效率较低。

根据项目小组的样本案例统计数据并结合天线角码数据信号流程,总结出针对 CINRAD/SA 雷达闪码故障排查方法,并提出闪码故障时检测相关部件先后顺序的建议:无论对交流伺服还是直流伺服,在排除汇流环因素的前提下,俯仰闪码和方位闪码一样,应重点检测天线角码数据信号流程中的公共支路器件,若公共支路器件检查均无异常,再检查各自支路上的部件。出现闪码故障时,台站技术人员应结合具体故障现象,根据 CINRAD/SA 雷达伺服系统天线角码信号流程优先选择检测部件,并结合前面总结的闪码排查方法快速进行故障定位。

8.2　CINRAD/SA 雷达空间定位误差诊断方法与个例分析

根据从全国新一代天气雷达站采集到的相关案例统计,2004—2013 年,全国各 CINRAD/SA 雷达台站共计发生空间定位故障 17 例。由于此类故障出现频率不高,目前业界对这类问题也尚未形成一个系统的排查方法。空间定位误差与雷达天伺系统电信号流程密切相关,其中很多环节都有可能造成定位误差,使得台站技术保障人员排查起来非常困难。考虑到空间定位问题带来的严重性,总结出一个快速解决定位故障的方法显得非常有必要。

8.2.1　引起定位误差的原因

直流天伺系统的电信号流程如图 8.6 所示,来自天线座组合的方位、俯仰两路实时机械信号经过同步箱带动旋转变压器旋转后转变为轴角信息(转速信号和位置数字信号等角度量)。轴角信息经过轴角盒 R/D 板进行编码后转换为 RDA 计算机可直接读取的数字电压信号,再通过光纤链路传到 DCU,并通过 DAU 底板送入 RDA 计算机,RDA 计算机根据原本希望的角度与天线返回实际角度二者之间差值来发布控制命令。

通常情况下,产生空间定位误差的因素有两类:天馈系统某环节异常和伺服系统异常。

8.2.1.1　天馈系统某环节异常

(1)天线水平度

天线座水平偏差较大时,直接影响雷达方位和俯仰精度,尤其对俯仰影响比较大。可通过合像水平仪检查天线水平度,如果超出指标,可通过以下方法调整天线座水平:松开天线座12个固定螺栓,根据水平仪测量得到的方位误差值适当增加或减少垫片,依次完成各点调整,最后将天线座紧固,再进行测量。需要注意的是,由于读数的点与实际垫片的点不能完全重合,所以需要重复操作几次后方能达到要求。

(2)旋转变压器

旋转变压器主要完成对天线轴角位移信息的检测。在CINRAD/SA直流伺服系统中,旋转变压器为中电集团21所生产的无接触双通道旋变发送机(如图8.6所示),Z1Z2为激磁输入端,D1—D8脚为输出端。

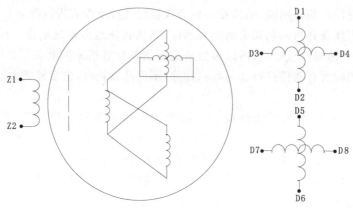

图8.6 旋转变压器电气原理图

检测旋转变压器输出波形(D1—D8)时,关伺服强电、开照明,天线固定在一个位置,无须人工推动天线,即可保证旋变有输出。这是因为旋变是通过正余弦之间的相位差来测量的,所以天线只要固定在一个方位即可保证正余弦有一个固定的相位差,这样旋变就会输出静态的正余弦波形。若天线转动,则相位差变化大且不稳定,其输出波形也不稳定。旋转变压器异常有可能造成实际角度和显示角度不一致,可以通过旋转变压器各输出端电阻和输出波形来判别器件本身是否出现异常,如不正常则更换问题器件。

(3)同步箱

同步箱是天线座中实现轴位检测功能的装置,一般由轴位传感器和传动元件组成,通过轴位传感器把天线转角转换成计算机或其他装置可以利用的电信号输出,用以反映天线的运动规律。同步传动机构中的齿隙,直接影响数据传递的准确度,使天线的实际转角与机构的输出转角之间产生误差,进而使天线的实际方位角与输入信号所确定的方位角之间出现误差。在统计的空间定位误差案例中,出现3例因同步箱故障或同步箱联轴节松动导致的空间定位误差,分别是2004年7月19日河北石家庄雷达站、2012年9月6—9日福建龙岩雷达站和2011年5月17—22日江苏盐城雷达站。

(4)轴角盒

轴角盒内R/D板上A/D转换模块损坏导致串行数据输出异常,进而导致天线定位出现偏差。可通过用示波器测量R/D板上A/D转换模块对应输出口,若串行数据输出不稳定,导致在天线不转动的情况下也频繁跳动,则应更换R/D板备件或整个轴角编码盒。

（5）齿轮间隙

在天线不转动的情况下,人工轻推天线,感觉天线在水平方向和垂直方向上有无晃动。若在水平方向左右晃动较小,在垂直角度下晃动较大,则可能是由于俯仰减速机前面的小齿轮与扇形齿轮之间的间隙较大造成;反之,若在水平方向晃动较大,则可能是方位减速机前面的小齿轮与大齿轮之间的间隙较大造成,通过更换减速箱小齿轮并调整间隙即可排除。

8.2.1.2　伺服系统异常

伺服系统是雷达的重要组成部分,它对于搜索目标、跟踪目标以及精确测量目标的位置和其他参数起着重要作用。其中,数字控制单元(DCU)的电源板、模拟板以及电轴与机械轴一致性等环节出现异常容易引起天线定位误差。

（1）DCU电源板、模拟板

DCU电源板供电流程如图8.7所示。DCU电源板或模拟板老化会造成地电位漂移明显,＋/－15 V正负电源的对称度偏差过大,模拟板上本已调好的速度环零点就会来回漂移,进而导致定位偏差超界。检查时应首先对电源板进行检查,电压只要有一路不对,都要对电源板进行修理或更换。电压正常,再做模拟板的检查,如不正常则更换即可。在统计的案例中,总共出现7例因DCU电源板、模拟板故障引起的空间定位误差,所占比例最大,分别是2009年9月23—29日安徽蚌埠雷达站、2011年1月8—16日湖北宜昌雷达站、2011年1月27—2月1日山东济南雷达站、2011年4月26—28日江西南昌雷达站、2011年8月11—23日浙江杭州雷达站、2012年5月7—11日河南洛阳雷达站以及2012年10月13—16日湖南邵阳雷达站。

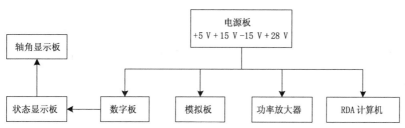

图8.7　直流电源供电流程图

（2）电轴和机械轴不一致

机械轴指整个天线的对称轴线,既垂直于整个反射网平面,也垂直于天线俯仰轴。电轴指天线波瓣增益最大方向所对应的射线。天气雷达天线电轴的实际空间指向与机械轴指向严格保持一致,是确保天气雷达系统对气象目标精确定位的必要条件之一。但是,直接对电轴与机械轴进行匹配却非常复杂,而且不易实现。通过太阳法对电轴进行标定,测得电轴偏移量(波束指向误差)后,再通过拨码开关改变电轴方向来实现偏移量的调整,可以将电轴与机械轴的匹配问题简单化且易于操作,最终达到机械轴与电轴一致的目的。

伺服系统中DCU单元的拨码开关故障会造成固定方位角或俯仰角偏移一定角度,如果太阳法测得雷达波束指向误差超过上限阈值(0.3°),需要做太阳法标校,并根据太阳法所测偏移量调整拨码开关直至误差指标控制在阈值以内。方位角偏差调整DCU单元数字板方位拨码开关组SA1、SA2,俯仰角偏差调整俯仰拨码开关组SA3、SA4。在收集到的案例中,因电轴轴向问题引起的空间定位误差共计4例,分别是2012年11月8—17日湖北荆州雷达站、2011

年 7 月 26—27 日河北沧州雷达站、2007 年 5 月 13 日广东梅州雷达站和 2012 年 9 月 18 日广东阳江雷达站。

8.2.2　提出诊断方法

在以上定位误差源分析的基础上,总结出雷达空间定位误差诊断方法(如图 8.8 所示)。从天馈系统和伺服系统两大方面展开分析,具体到从天线座水平、旋转变压器、同步箱、轴角盒、齿轮间隙、DCU 电源板、模拟板以及电轴与机械轴一致性等几个面进行误差分析诊断。

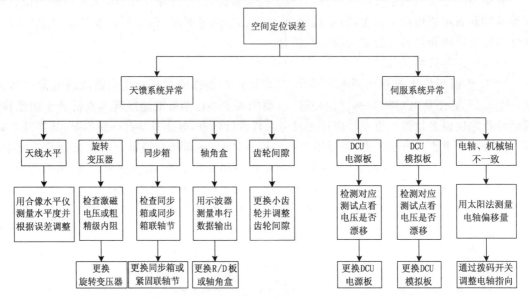

图 8.8　空间定位误差诊断方法

8.2.3　典型个例分析

2004—2013 年,在全国各 CINRAD/SA 雷达站共采集到 17 个空间定位故障案例,以下从中选取 3 个典型案例进行分析。

(1)宜昌雷达 DCU 地电位漂移导致俯仰定位偏差超界

现象:天线俯仰定位偏差大,且频繁因为定位偏差造成雷达空转,体扫时间有时达 8 min。

处理:将该站原有的 DCU 数字板和模拟板更换为敏视达雷达公司自制产品(自制产品均为 4 层板),使得板上 +/-15 V 电源对称度良好且无漂移,更换后稳定在 +14.98 V 和 -14.97 V,从而使得雷达俯仰定位准确稳定,空转和体扫过长问题解决。究其原因,原有的 DCU 数字板和模拟板都是两层板且已老化,地电位在板上出现长周期较大幅度的漂移跑偏,+/-15 V 对称度失衡,分别为 +14.67 V 和 -15.26 V,导致模拟板上本已调好的速度环零点严重偏移,俯仰定位偏差为 -0.26°~0.32°。发生定位偏差超界会导致雷达在刚进入一个仰角时无法发射雷达波,空转 100 多度,直到系统自动再次发出 DOUBLET 操作进行调整,使得天线上冲,瞬间角度合法,虽然其后因为位置闭环天线仰角又回到了负偏角度,但之前的瞬间合法角度已诱使系统发射雷达波,直到本仰角结束,当天线在每个仰角都空转了 100 多度,即 1/3 圈时,体扫就从 6 min 变为了 8 min。

（2）荆州雷达电轴轴向偏离引起方位定位偏差超界

现象：PUP产品与相邻站点比较有明显位置偏移，导致雷达组网拼图出现虚假回波。

处理：更换PUP地图，故障依旧。下午3点后做太阳法，无法完成。初步判断为误差指标超过上限阈值（0.3°），但又不确定误差值范围，于是根据PUP产品与相邻站点对同块回波的比较，判断方位角大概偏差30°左右，调解DCU单元数字板方位拨码开关组SA1、SA2至30°，再做太阳法即成功。此时显示方位角误差为2°，说明之前方位偏差+32°左右。重新调整方位拨码开关组对电轴方向进行标定，再做太阳法时方位角误差已在指标要求内。究其原因，由于雷达月维护时对DCU机箱做过除尘、插拔印制板等工作，怀疑数字板上的拨码开关被无意间拨动，进而引起电轴轴向偏移。

（3）盐城雷达同步箱联轴节松动导致方位出现大角度偏差

现象：方位在长时间运行情况下出现大角度偏差。

处理：测量DCU内电源板正常，用RDASOT测试平台控制天线，方位、俯仰到位精度均正常。更换DCU模拟板，方位偏差依旧，测量天线水平度与旋转变压器均正常，更换轴角盒，仍未解决问题，最后在方位仓检查时发现同步箱联轴节有松动现象，紧固联轴节的螺钉，再做太阳法标定，定位偏差指标恢复正常。

8.2.4 结论

（1）天伺系统信号链路上导致雷达定位出现偏差的环节很多，随机性大，定位故障源难度较大。在实际检修过程中，结合本文总结的空间定位误差诊断方法，重点优先检测DCU、同步箱、电轴轴向等，在排除重点环节的前提下，再对天线水平、旋转变压器、轴角盒R/D板、齿轮间隙等误差源进行逐步隔离排除，能快速准确地判断引起空间定位误差的真正原因。

（2）对于单站而言，日常很难发现空间定位误差的存在。太阳法可以定量检查空间定位指标，但当偏差过大仍会导致太阳法无法完成，此时还有两种定性的方法可以找到定位偏差：

1）单站数据与雷达组网拼图进行同块回波的位置对比，但这种方法存在局限性，需要有适合对比的典型天气过程才能判断；

2）在单站未滤波的基数据里找个比较突出的地物杂波，然后隔一段时间再观察，看这块地物杂波是否随时间偏移。

参考文献

安克武,黄晓,贾木辛,等. 2012.CINRAD/CC 天气雷达伺服系统故障诊断方法[J].气象科技,**40**(6):890-895.

敖振浪. 2008.CINRAD/SA 雷达使用维修手册[M].北京:中国计量出版社:168-225.

白峰.2003.浅析天馈线对单脉冲雷达电轴零点的影响[J].火控雷达技术,**32**(4):60-63.

蔡勤,柴秀梅,周红根,等.2011.CINRAD/SA 雷达闪码故障的诊断分析[J].气象.**37**(8):1045-1048.

柴秀梅,潘新民,汤志亚,等.2010.CINRAD/SB 发射机系统故障定位方法与技巧[J].高原气象,**29**(6):1641-1647.

柴秀梅,潘新民,汤志亚,等.2011.新一代天气雷达回波强度异常分析与处理方法[J].气象,**37**(3):379-384.

陈玉宝,安涛,胡垣,等.2013.基于 GNSS 差分定位的天气雷达坐标精确定位研究[J].气象,**39**(3):389-393.

陈忠勇. 2013.CINRAD/SA 充电开关控制板工作原理及应用维护[J].气象科技,**41**(2):250-253.

郭泽勇,梁国锋,敖振浪. 2014. CINRAD/SA 雷达空间定位误差诊断方法与个例分析[J].气象,**40**(10):1266-1270.

郭泽勇,梁国锋,周钦强.2015.COMRAD/SA 雷达闪码故障统计分析和排查方法[J].气象科技,**43**(1):22-29.

郭泽勇,罗业勇,杨朝晖,等. 2009.CINRAD/SA 雷达反射率噪声环现象的分析处理[J].气象水文海洋仪器,(03):70-72.

郭泽勇,孙召平,杨爱军. 2014.1311 号超强台风"尤特"雷达产品异常的解释推断[J].气象水文海洋仪器,**31**(4):12-16.

郭泽勇,曾广宇,潘新民. 2014.新一代天气雷达空间定位误差的分析与改善[J].热带气象学报,**30**(5):990-996.

郭泽勇,曾广宇,吴少峰,等. 2014.新一代天气雷达轴角盒故障的分析处理[J].气象科技,**42**(5):777-781.

贺汉清,李源锋,杨立洪,等. 2008.CINRAD/SA 雷达天线故障定位与技术调整[J].广东气象,**30**(3):61-62.

胡东明,胡胜,刘强. 2006. CINRAD/SA 雷达调制器真空开关漏气故障的分析处理[J].气象,**32**(8):119-120.

胡东明,刘强,程元慧,等.2007.CINRAD/SA 天线伺服系统轴角箱多次故障的分析[J].气象,**33**(10):114-117.

李柏,古庆同,李瑞义,等.2013.新一代天气雷达灾害性天气监测能力分析及未来发展[J].气象,**39**(3):265-280.

李明元,陈明林,左经纯,等.2012.新一代多普勒天气雷达(CINRAD/CD)方位伺服系统典型故障分析及处理[J].气象,**38**(1):123-128.

李洋,班显秀,刘小东,等.2012.CINRAD/SC 天气雷达发射系统反峰过流故障与排除[J].气象与环境学报,**28**(5):71-74.

梁华,高玉春,柴秀梅,等.2013.新一代天气雷达 CINRAD/CC 接收系统典型故障分析与处理[J].气象科技,**41**(5):832-836.

梁钊扬,郭泽勇. 2013.新一代天气雷达所配备的仪表使用[J].气象研究与应用,**34**(增刊 1):133-134.

梁钊扬,郭泽勇.2013.基于 C/S 架构的雷达产品分发系统的设计与实现[J].广东气象,**35**(5):64-67.

潘新民,柴秀梅,崔炳俭,等.2011.CINRAD/SB 雷达伺服上电故障诊断分析[J].气象科技,**39**(2):212-216.

潘新民,柴秀梅,申安喜,等.2009.新一代天气雷达(CINRAD/SB)技术特点和维护、维修方法[M].北京:气象出版社:180-210.

潘新民,王全周,熊毅,等. 2009.回波强度测量的误差因素分析及解决方法[J].气象环境与科学,**32**(4):74-79.

潘新民,王全周. 2013.CINRAD/SA 数字交流伺服系统调试和维修方法[J].气象科技,**41**(5):825-831.

宋志龙,刘宝君,杨凡.2011.CINRAD/SA 雷达滑环异常故障分析[J].海岸工程,**30**(4):71-74.

王志武,林忠南. 2012.早期 CINRAD/SB 型雷达故障综合分析[J].气象科技,**40**(2):165-169.

杨苏勤,汤达章,谢启杰,等.2013.一次典型 CINRAD/SA 接收机动态范围异常分析与处理[J].气象科技,**41**(5):970-973.

赵瑞金,董保华,聂恩旺.2013.根据异常回波特征和报警信息判断雷达故障部位[J].气象,**39**(5):645-652.

周枫,倪雷,刘朝林,等.2009.CINRAD/CD 型雷达伺服系统故障分析及处理[J].气象科技,**37**(4):508-510.

周红根,高玉春,胡帆,等.2009.CINRAD/SA 雷达频综故障检修方法[J].气象,**35**(10):113-118.

周红根,周向军,祁欣,等.2007.CINRAD/SA 天气雷达伺服系统特殊故障分析[J].气象,**33**(2):98-101.

Keeler R J,Passarelli R E. 1990. Signal Processing for Atmospheric Radars//Radar in Meteorology. American Meteorology Society:199-230.

Kessinger C,Ellis S,Van Andel J. 2001. NEXRAD Data Quality Enhancements:The AP Clutter mitigation Scheme[C]//*Pro-*

ceedings of the 30th International Conference on Radar Meteorology. Seattle：American Meteorology Society：707-709.

Pratte J F，Keeler R J，Gagnon R，et al. 1995. Clutter Processing During Anomalous Propagation Conditions[C]//Preprints，27th Conf on Radar Meteorology. Vail，CO，Amer：American Meteorology Society：139-141.

Skolnik M I. 2006. 雷达手册[M]. 南京电子技术研究所，译. 北京：电子工业出版社：25-68.

Smith P L. 1990. Precipitation Measurement and Hydrology：Panel Report//Radar in Meteorology. American Meteorology Society：607-618.

附录

附录 1　雷达开关机流程

（1）开机流程

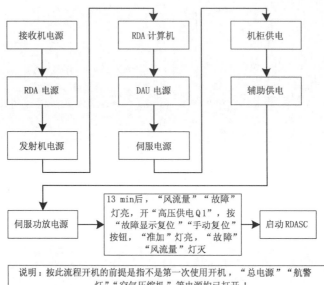

附图 1.1　雷达开机流程图

（2）关机流程

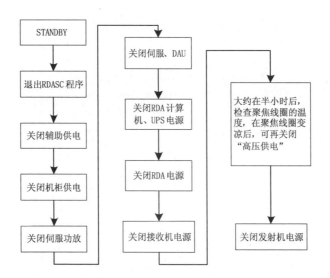

附图 1.2　雷达关机流程图

（3）注意事项

1）开启 RDA 计算机和发射机的先后关系

发射机柜上的电源开关在接通前，必须保证 RDA 计算机已经启动，只要 RDA 计算机一启动，里面的信号处理器板（PSP）就开始工作，为整部雷达提供各种时序；如果 RDA 给发射机的时序没有正常送出，此时给发射机加电，很容易损坏发射机。因此，开机时，要先开 RDA 计算机，再开发射机；而关机时，应该先关闭发射机的"辅助供电"和"机柜供电"，以保证在开机过程中，不会人为损坏发射机。

2）开机时 Q1（高压供电）最后一个开；关机时 Q1（高压供电）最后一个关。

附录 2　雷达参数

附表 2.1　雷达参数汇总表

检测项目		指标	检测记录	备注
天线罩	直径	11.9 m		
	工作频率	2.7～3.0 GHz		
	射频损失（双程）	≤0.3 dB		
	引入波束偏差	≤0.03°		
	引入波束展宽	≤0.03°		
天线	功率增益	≥44 dB		
	波瓣宽度　H 面	≤1.0°		
	波瓣宽度　E 面	≤1.0°		
	第一副瓣电平	≤−27 dB		
	远端副瓣电平(±10°以外)	≤−40 dB		
天线运转范围	方位角转动范围	0～360°		
	仰角转动范围	−2°～+90°		
	PPI 扫描范围	0～360°		
	RHI 扫描范围	0～30°		
伺服监控系统控制误差	方位	≤0.1°		
	仰角	≤0.1°		
雷达波束空间指向误差	方位	≤0.3°		
	仰角	≤0.3°		
发射机	工作频率	2.7～3.0 GHz		
	脉冲功率	≥650 kW		
	脉冲宽度	1.57 μs,4.71 μs		
	脉冲重复频率	318～1304 Hz		
	发射机输出端极限改善因子	优于 52 dB		
	发射机输入端极限改善因子	优于 55 dB		
接收机	中频频率	57.5 MHz		
	中频带宽	630 kHz		
	接收系统动态范围（机外）	≥85 dB		
	接收系统动态范围（机内）	≥85 dB		
	接收机噪声系数	≤4dB		
	最小可测信号功率	≤−112 dBm		
相干性	系统相位噪声	≤0.15°		
定标精度检查	强度定标检查	±1 dBZ		
	速度定标检查	±1 m/s		

附录 3　CINRAD/SA 雷达系统产品

附表 3.1　CINRAD/SA 雷达系统产品汇总表

产品序号	产品代码	分辨率	产品名称
1	16	1°×1 km	反射率(R)
2	17	1°×2 km	反射率(R)
3	18	1°×4 km	反射率(R)
4	19	1°×1 km	反射率(R)
5	20	1°×2 km	反射率(R)
6	21	1°×4 km	反射率(R)
7	22	1°×0.25 km	基本速度(V)
8	23	1°×0.5 km	基本速度(V)
9	24	1°×1 km	基本速度(V)
10	25	1°×0.25 km	基本速度(V)
11	26	1°×0.5 km	基本速度(V)
12	27	1°×1 km	基本速度(V)
13	28	1°×0.25 km	基本谱宽(W)
14	29	1°×0.5 km	基本谱宽(W)
15	30	1°×1 km	基本谱宽(W)
16	31	1°×1 km	用户可选降水
17	33	1°×1 km	混合扫描发射率
18	35	1 km×1 km	组合反射率(CR)
19	36	4 km×4 km	组合反射率(CR)
20	37	1 km×1 km	组合反射率(CR)
21	38	4 km×4 km	组合反射率(CR)
22	39	1 km×1 km	组合反射率等值线(CRC)
23	40	4 km×4 km	组合反射率等值线(CRC)
24	41	4 km×4 km	回波顶高(ET)
25	42	4 km×4 km	回波顶等值线(ETC)
26	43	1°×1 km	强天气分析反射率(SWR)
27	44	1°×0.25 km	强天气分析速度(SWV)
28	45	1°×0.25 km	强天气分析谱宽(SWW)
29	46	0.5 km×1 km	强天气切变(SWS)
30	47	4 km×4 km	强天气概率(SWP)
31	48		风廓线(VWP)

产品序号	产品代码	分辨率	产品名称
32	49	0.25 km ×0.25 km	综合谱距(CM)
33	50	1 km ×0.5 km	反射率剖面(RCS)
34	51	1 km ×0.5 km	速度剖面(VCS)
35	52	1 km ×0.5 km	谱宽剖面(SCS)
36	53	1 km ×1 km	弱回波区(WER)
37	55	0.5 km ×0.5 km	风暴相对径向速度(SRR)
38	56	0.5 km ×0.5 km	风暴相对平均径向速度 SRM
39	57	4 km ×4 km	垂直积分液态含水量(VIL)
40	58	N/A	风暴追踪信息(STI)
41	59	N/A	冰雹指数(HI)
42	60	N/A	中尺度气旋(M)
43	61	N/A	龙卷涡旋特征(TVS)
44	62	N/A	风暴结构分析(SS)
45	63	4×4L	分层组合反射率平均值(LRA)
46	64	4×4M	分层组合反射率平均值(LRA)
47	65	4×4L	分层组合反射率最大值(LRM)
48	66	4×4M	分层组合反射率最大值(LRM)
49	67	4×4L	分层组合湍流平均值(LTA)
50	68	4×4M	分层组合湍流平均值(LTA)
51	69	4×4H	分层组合湍流平均值(LTA)
52	70	4×4L	分层组合湍流(LTM)
53	71	4×4M	分层组合湍流(LTM)
54	72	4×4H	分层组合湍流(LTM)
55	73	N/A	用户警报信息(UAM)
56	75	N/A	自由文本信息(FTM)
57	78	2 km ×2 km	1 小时累积降水量(°HP)
58	79	2 km ×2 km	3 小时累积降水量(THP)
59	80	2 km ×2 km	风暴总累积降水量(STP)
60	81	4 km ×4 km	一小时数字降水阵列(DPA)
61	82	40 km ×40 km	一小时数字降水补充信息(SPD)
62	84	2.5 m/s	速度方位角显示(VAD)
63	85	1 km ×0.5 km	反射率剖面(RCS)
64	86	1 km ×0.5 km	速度场剖面(VCS)
65	87	0.5 km ×0.5 km	综合切变(CS)
66	88		综合切变等值线(CSC)
67	89	4×4H	分层组合反射率平均值(LRA)

续表

产品序号	产品代码	分辨率	产品名称
68	90	4×4H	分层组合反射率最大值(LRM)
69	100		VAD 风廓线字母数值列表
70	101		风暴轨迹字母数值列表
71	102		冰雹指数字母数值列表
72	103		中气旋字母数值列表
73	104		龙卷涡旋字母数值列表
74	105		综合切变字母数值列表
75	106		综合切变等值线字母数值列表
76	107		1 小时累积降水字母数值列表
77	108		3 小时累积降水字母数值列表
78	109		风暴总累积降水字母数值列表
79	110	1°×1 km	CAPPI 反射率
80	112	1°×1 km	CAPPI 速度

附录 4　考核产品

附表 4.1　21 张考核产品列表

产品名称	分辨率（km）	覆盖范围（km）	仰角（°）	文件名
基本反射率	1.0	230	0.5	Z_RADR_I_IIiii_yyyyMMddhhmmss_P_DOR_雷达型号_R_10_230_5.ID.bin
			1.5	Z_RADR_I_IIiii_yyyyMMddhhmmss_P_DOR_雷达型号_R_10_230_15.ID.bin
			2.4	Z_RADR_I_IIiii_yyyyMMddhhmmss_P_DOR_雷达型号_R_10_230_24.ID.bin
	2.0	460	0.5	Z_RADR_I_IIiii_yyyyMMddhhmmss_P_DOR_雷达型号_R_20_460_5.ID.bin
			1.5	Z_RADR_I_IIiii_yyyyMMddhhmmss_P_DOR_雷达型号_R_20_460_15.ID.bin
			2.4	Z_RADR_I_IIiii_yyyyMMddhhmmss_P_DOR_雷达型号_R_20_460_24.ID.bin
基本速度	0.5	115	0.5	Z_RADR_I_IIiii_yyyyMMddhhmmss_P_DOR_雷达型号_V_5_115_5.ID.bin
			1.5	Z_RADR_I_IIiii_yyyyMMddhhmmss_P_DOR_雷达型号_V_5_115_15.ID.bin
			2.4	Z_RADR_I_IIiii_yyyyMMddhhmmss_P_DOR_雷达型号_V_5_115_24.ID.bin
	1.0	230	0.5	Z_RADR_I_IIiii_yyyyMMddhhmmss_P_DOR_雷达型号_V_10_230_5.ID.bin
			1.5	Z_RADR_I_IIiii_yyyyMMddhhmmss_P_DOR_雷达型号_V_10_230_15.ID.bin
			2.4	Z_RADR_I_IIiii_yyyyMMddhhmmss_P_DOR_雷达型号_V_10_230_24.ID.bin
组合反射率	1.0×1.0	230		Z_RADR_I_IIiii_yyyyMMddhhmmss_P_DOR_雷达型号_CR_10X10_230_NUL.ID.bin
	4.0×4.0	460		Z_RADR_I_IIiii_yyyyMMddhhmmss_P_DOR_雷达型号_CR_40X40_460_NUL.ID.bin
回波顶	4.0×4.0	230		Z_RADR_I_IIiii_yyyyMMddhhmmss_P_DOR_雷达型号_ET_40X40_230_NUL.ID.bin
VAD 风廓线	2.0 m/s	N/A		Z_RADR_I_IIiii_yyyyMMddhhmmss_P_DOR_雷达型号_VWP_20_NUL_NUL.ID.bin
垂直累积液态水含量	4.0×4.0	230		Z_RADR_I_IIiii_yyyyMMddhhmmss_P_DOR_雷达型号_VIL_40x40_230_NUL.ID.bin
1 小时降水	2.0	230		Z_RADR_I_IIiii_yyyyMMddhhmmss_P_DOR_雷达型号_OHP_20_230_NUL.ID.bin

续表

产品名称	分辨率 (km)	覆盖 范围 (km)	仰角 (°)	文件名
3 小时降水	2.0	230		Z_RADR_I_IIiii_yyyyMMddhhmmss_P_DOR_雷达型号_THP_20_230_NUL. ID. bin
风暴总降水	2.0	230		Z_RADR_I_IIiii_yyyyMMddhhmmss_P_DOR_雷达型号_STP_20_230_NUL. ID. bin
反射率等高面位置 显示(CAPPI)	1.0	230		Z_RADR_I_IIiii_yyyyMMddhhmmss_P_DOR_雷达型号_CAR_10_230_NUL. ID. bin

附录 5　CINRAD/SA 基数据格式

附表 5.1　CINRAD/SA 基数据格式

字节顺序	双字节顺序	数据类型	说明	
1—14	1—7		保留	雷达信息头 （28 字节）
15—16	8	2 字节	1—表示雷达数据	
17—28	9—14		保留	
29—32	15—16	4 字节	径向数据收集时间（单位：ms，自 00：00 开始）	
33—34	17	2 字节	儒略日（Julian）表示，自 1970 年 1 月 1 日开始	
35—36	18	2 字节	不模糊距离（表示：数值/10.＝km）	
37—38	19	2 字节	方位角（编码方式：[数值/8.]×[180./4096.]＝°）	
39—40	20	2 字节	当前仰角内径向数据序号	
41—42	21	2 字节	径向数据状态0：该仰角的第一条径向数据 　　　　　　　1：该仰角中间的径向数据 　　　　　　　2：该仰角的最后一条径向数据 　　　　　　　3：体扫开始的第一条径向数据 　　　　　　　4：体扫结束的最后一条径向数据	
43—44	22	2 字节	仰角（编码方式：[数值/8.] * [180./4096.]＝°）	
45—46	23	2 字节	体扫内的仰角数	
47—48	24	2 字节	反射率数据的第一个距离库的实际距离（单位：m）	
49—50	25	2 字节	多普勒数据的第一个距离库的实际距离（单位：m）	
51—52	26	2 字节	反射率数据的距离库长（单位：m）	
53—54	27	2 字节	多普勒数据的距离库长（单位：m）	
55—56	28	2 字节	反射率的距离库数	
57—58	29	2 字节	多普勒的距离库数	
59—60	30	2 字节	扇区号	
61—64	31—32	4 字节	系统订正常数	
65—66	33	2 字节	反射率数据指针（偏离雷达数据信息头的字节数） 表示第一个反射率数据的位置	
67—68	34	2 字节	速度数据指针（偏离雷达数据信息头的字节数） 表示第一个速度数据的位置	
69—70	35	2 字节	谱宽数据指针（偏离雷达数据信息头的字节数） 表示第一个谱宽数据的位置	
71—72	36	2 字节	多普勒速度分辨率。2：表示 0.5 m/s 　　　　　　　　　4：表示 1.0 m/s	

字节顺序	双字节顺序	数据类型	说明
73—74	37	2 字节	体扫(VCP)模式　11:降水模式,16 层仰角 21:降水模式,14 层仰角 31:晴空模式,8 层仰角 32:晴空模式,7 层仰角
75—82	38—41		保留
83—84	42	2 字节	用于回放的反射率数据指针,同 33
85—86	43	2 字节	用于回放的速度数据指针,同 34
87—88	44	2 字节	用于回放的谱宽数据指针,同 35
89—90	45	2 字节	Nyquist 速度(表示:数值/100. =m/s)
91—128	46—64		保留
129—588	65—294	1 字节	反射率 距离库数:0—460 编码方式:(数值−2)/2.−32 = DBZ 　当数值为 0 时,表示无回波数据(低于信噪比阀值) 　当数值为 1 时,表示距离模糊
129—1508	65—754	1 字节	速度 距离库数:0—920 编码方式: 　分辨率为 0.5 m/s 时, 　(数值−2)/2.−63.5=m/s 　分辨率为 1.0 m/s 时, 　(数值−2)−127=m/s 当数值为 0 或 1 时,意义同上
129—2428	65—1214	1 字节	谱宽 距离库数:0—920 编码方式: 　(数值−2)/2.−63.5 = 米/秒 当数值为 0 或 1 时,意义同上
2429—2432	1215—1216		保留

注:基数据部分包括的字节为 129.2428。

(1)说明:

1)数据的存储方式

每个体扫存储为一个单独的文件

2)数据的排列方式

按照径向数据的方式顺序排列,对于 CINRAD SA/SB 雷达,体扫数据排列自低仰角开始到高仰角结束。

3)径向数据的长度

径向数据的长度固定,为 2432 字节。

4)距离库长和库数

反射率距离库长为 1000 m,最大距离库数为 460;速度和谱宽距离库长为 250 m,最大距离库数为 920。

(2)原始数据文件的格式要求

原始数据文件应该由文件标识(12 字节)、文件头(2048 字节)和数据记录块组成,如附表 5.2 所示。但新一代天气雷达基数据也是原始数据,但没有按这种格式要求存储。它的数据存储方式不是以文件为单位,所以没有用文件头来记载雷达站名、站址、雷达型号、主要参数、观测时间、扫描类型、工作状况等内容。CINRAD SA/SB 雷达通常是将每个体扫存储为一个单独的数据文件;体扫数据排列自低仰角开始到高仰角结束为数据的排列方式;径向数据的长度为 2432 字节;反射率距离库长为 1000 m,最大距离库数为 460;速度和谱宽距离库长为 250 m,最大距离库数为 920。每条扫描线基本排列如附表 5.3 所示。每条扫描线保存着雷达信息头、扫描线信息和反射率、速度、谱宽的强度值等信息等,符合原始数据记录块每个径向上三要素(强度、速度、谱宽)的库长、库数和在体扫数据记录中采取了每一层数据记录都有起始位置的方式等要求。

附表 5.2　雷达原始数据文件规定格式

字节顺序	字节数	说明
1—12	12	文件标识
13—2060	2048	文件头信息(站址:168,性能参数:36,观测参数:1282,其他:562)
2061—		数据记录块

附表 5.3　CINRAD SA/SB 雷达基数据每条扫描线格式

字节顺序	字节数	说明
1—28	28	雷达信息头
29—128	100	扫描数据信息
129—2428	2300	反射率(库数:460),速度(库数:920),谱宽(库数:920)
2429—2432	4	保留

附录 6　CINRAD/SA RDASC 报警信息

附表 6.1　CINRAD/SA RDASC 报警信息英中对照表

序号	报警信息（英文）	报警信息（中文）	报警码	状态	类型	设备	取样
A							
1 *	AC UNIT#1 COMPRESSOR SHUTOFF	1号空调压缩机关闭	120	MM	ED	UTL	2
2 *	AC UNIT#1 DISCHARGE TEPM EXTREME	1号空调出口温度过高	172	MM	ED	UTL	2
3 *	AC UNIT#1 FILTER DIRTY	1号空调滤网脏	152	MR	ED	UTL	2
5 *	AC UNIT#2 COMPRESSOR SHUTOFF	2号空调压缩机关闭	121	MM	ED	UTL	2
6 *	AC UNIT#2 DISCHARGE TEMP EXTREME	2号空调出口温度过高	184	MM	ED	UTL	2
7 *	AC UNIT#2 FILTER DIRTY	2号空调滤网脏	153	MR	ED	UTL	2
8	A/D +5V POWER SUPPLY 2 FAIL	2号电源故障:模/数转换器 +5 V	141	MM	ED	RSP	2
9	A/D −5.2V POWER SUPPLY 7 FAIL	7号电源故障:模/数转换器 −5.2 V	143	MM	ED	RSP	2
10	A/D +/−15V POWER SUPPLY 8 FAIL	8号电源故障:模/数转换器 ±15 V	140	MM	ED	RSP	2
11	AIRCRAFT HAZARD LIGHTING FAILURE	航警灯故障	130	MM	ED	UTL	2
12	ANTENNA PEAK POWER HIGH	天线峰值功率高	205	MM	ED	XMT	1
13	ANTENNA PEAK POWER LOW	天线峰值功率低	204	MM	ED	XMT	1
14	ANTENNA POWER BITE FAIL	天线功率机内测试设备错误	210	MM	ED	CTR	1
15	ANTENNA POWER METER ZERO OUT OF LIMIT	天线功率计零点超限	207	MM	ED	CTR	1
16	ARCH A ALLOCATION/MEDIA FULL ERROR	存档设备 A 定位/介质满错误	752	N/A	OC	ARCH	
17	ARCH A CAPACITY LOW	存档设备 A 容量低	756	N/A	OC	ARCH	
18	ARCHA LU ASSIGN ERROR	存档设备 A 逻辑单元分配错	457				
19 *	ARCH A NEW 8MM TAPE INSTALLED	已安装存档设备 A 新 8 mm 磁带	757				
20	ARCH A PLAYBCK VOLUME SCAN NOT FOUND	未找到存档设备 A 回放体扫	755	N/A	OC	ARCH	
21 *	ARCH A UNABLE TO LOAD NEW TAPE−MNT REQ	存档设备无法装入新磁带—需要维护	758				
22	ARCHIVE A FILE MANAGEMENT ERROR	存档设备 A 文件管理错误	753	N/A	OC	ARCH	
23	ARCHIVE A I/O ERROR	存档设备 A 输入/输出错	751	N/A	OC	ARCH	
24	ARCHIVE A LOAD ERROR	存档设备 A 载入错误	754	N/A	OC	ARCH	
25	AZIMUTH AMPLIFIER CURRENT LIMIT	方位放大器过流	316	MM	ED	PED	2
26	AZIMUTH AMPLIFIER INHIBIT	方位放大器禁用	315	IN	ED	PED	2

续表

序号	报警信息(英文)	报警信息(中文)	报警码	状态	类型	设备	取样
27	AZIMUTH AMPLIFIER OVERTEMP	方位放大器过温	317	MM	ED	PED	2
28	AZIMUTH AMP POWER SUPPLY FAIL	方位放大器电源故障	334	MM	ED	PED	2
29	AZIMUTH ENCODER LIGHT FAILURE	方位编码器灯故障	324	MM	ED	PED	2
30	AZIMUTH GEARBOX OIL LEVEL LOW	方位齿轮箱油位低	325	MM	ED	PED	2
31	AZIMUTH HANDWHEEL ENGAGED	方位手轮啮合	329	IN	ED	PED	2
32	AZIMUTH MOTOR OVERTEMP	方位电机过温	320	MM	ED	PED	2
33	AZIMUTH PCU DATA PARITY FAULT	方位天线座控制单元数据奇偶校验错	322	MM	ED	PED	2
34	AZIMUTH STOW PIN ENGAGED	方位装载销啮合	321	IN	ED	PED	2
35 *	AU0 PARITY ERROR	0号算术单元奇偶校验错	582	N/A	FO	N/A	
36 *	AU1 PARITY ERROR	1号算术单元奇偶校验错	583	N/A	FO	N/A	
37 *	AU2 PARITY ERROR	2号算术单元奇偶校验错	584	N/A	FO	N/A	
B							
38	BULL GEAR OIL LEVEL LOW	大齿轮箱油位低	326	MM	ED	PED	2
39	BYPASS MAP FILE READ FAILED	读旁路图文件失败	441	MM	ED	CTR	1
40	BYPASS MAP FILE WRITE FAILED	写旁路图文件失败	691	N/A	OC	N/A	
C							
41	CENSOR ZONE FILEREAD FAILED	读杂波区文件失败	444	MR	ED	CTR	1
42	CENSOR ZONE FILE WRITE FAILED	写杂波区文件失败	689	N/A	OC	N/A	
43 *	CHAN ALREADY CONTROLLING−CMD REJ	通道已为控制−拒绝执行此命令	553	N/A	OC	N/A	
44 *	CHAN ALREADY NON−CONTROLING−CMD REJ	通道已为非控制−拒绝执行此命令	554	N/A	OC	N/A	
45	CIRCULATOR OVERTEMP	环流器过温	56	MM	ED	N/A	2
46	CONTROL SEQ TIMEOUT−RESTART INITIATED	控制序列超时−重新初始化	701	N/A	OC	N/A	
47	CLUTTER FILTER PARITY ERROR	杂波滤波器奇偶校验错	588	N/A	FO	RSP	
48 *	CMD NOT VALID FROM CHANNEL 1−CMD REJ	通道1命令无效−拒绝执行	555	N/A	OC	N/A	
49	COHO/CLOCK FAILURE	相参振荡器/时钟故障	99	MM	ED	RSP	2
D							
50							
51	DAU A/D HIGH LEVEL OUT OF TOLERANCE	数据采集单元模/数转换器超上限	268	MM	ED	CTR	2
52	DAU A/D LOW LEVEL OUT OF TOLERANCE	数据采集单元模/数转换器超下限	266	MM	ED	CTR	2
53	DAU A/D MID LEVEL OUT OF TOLERANCE	数据采集单元模/数转换器超中限	267	MM	ED	CTR	2
54	DAU INITIALIZATION ERROR	数据采集单元初始化错	448	IN	ED	CTR	3
55	DAU I/O STATUS ERROR	数据采集单元输入/输出状态错	461	N/A	FO	N/A	
56	DAU STATUS READ TIMED OUT	读数据采集单元状态超时	400	N/A	FO	N/A	
57 *	DAU TASK PAUSED−RESTART INITIATED	数据采集单元任务暂停−重新初始化	621	N/A	OC	N/A	

续表

序号	报警信息（英文）	报警信息（中文）	报警码	状态	类型	设备	取样
58	DAU UART FAILURE	数据采集单元通用异步收发器故障					
59 *	DISABLE/ENAB/AUTO SWITCH IN DISABLE	不可用/可用/自动开关不可用	455	MM	ED	CTR	1
E							
60	EXCESSIVE RADIALS IN A CUT	一个锥扫中径向过多	397	N/A	OC	N/A	
61	ELEVATION ＋ NORMAL LIMIT	仰角＋限位—正常限位	310	MM	ED	PED	2
62	ELEVATION － NORMAL LIMIT	仰角－限位—正常限位	311	MM	ED	PED	2
63	ELEVATION AMPLIFIER CURRENT LIMIT	仰角放大器过流	301	MM	ED	PED	2
64	ELEVATION AMPLIFIER INHIBIT	仰角放大器禁用	300	IN	ED	PED	2
65	ELEVATION AMPLIFIER OVERTEMP	仰角放大器过温	302	MM	ED	PED	2
66	ELEVATION AMP POWER SUPPLY FAIL	仰角放大器电源故障	335	MM	ED	PED	2
67	ELEVATION ENCODER LIGHT FAILURE	仰角编码器灯故障	313	MM	ED	PED	2
68	ELEVATION GEARBOX OIL LEVEL LOW	仰角齿轮箱油位低	314	MM	ED	PED	2
69	ELEVATION HANDWHEEL ENGAGED	仰角手轮啮合	328	IN	ED	PED	2
70	ELEVATION IN DEAD LIMIT	仰角死限位	308	MM	ED	PED	2
71	ELEVATION MOTOR OVERTEMP	仰角电机过温	305	MM	ED	PED	2
72	ELEVATION PCU DATA PARITY FAULT	仰角天线座控制单元数据奇偶校验错	307	MM	ED	PED	2
73	ELEVATION STOW PIN ENGAGED	仰角收藏销啮合	306	IN	ED	PED	2
74	EQUIPMENT SHELTER TEMP EXTREME	设备方舱过温	171	MM	ED	UTL	2
75 *	EQUIP SHELTER HALON/DETECT SYS FAULT	设备方舱灭火/检测系统故障	131	MR	ED	UTL	2
F							
76	FILAMENT POWER SUPPLY OFF	灯丝电源关闭	40	IN	ED	XMT	2
77	FILAMENT POWER SUPPLY VOLTAGE FAIL	灯丝电源电压故障	53	MM	ED	N/A	2
78 *	FIRE/SMOKE IN EQUIP SHELTER	设备方舱烟/火报警	133	MR	ED	UTL	2
79 *	FIRE/SMOKE IN GENERATOR SHELTER	发电机方舱烟/火报警	136	MR	ED	UTL	2
80	FLYBACK CHARGER FAILURE	回授充电器故障	68	MM	ED	N/A	2
81	FOCUS COIL AIRFLOW FAILURE	聚焦线圈气流量故障	75	MM	ED	N/A	2
82	FOCUS COIL CURRENT FAILURE	聚焦线圈电流故障	74	MM	ED	N/A	2
83	FOCUS COIL POWER SUPPLY VOLTAGE FAIL	聚焦线圈电源电压故障	55	MM	ED	N/A	2
G							
84 *	GENERATOR EXERCISE FAILURE	发电机自动启动/关机测试故障	129	MM	ED	UTL	2
85 *	GENERATOR ENGINE MALFUNCTION	发电机发动机故障	125	MM	ED	UTL	2
86 *	GENERATOR FUEL STORAGE TANK LEVEL LOW	发电机燃料油箱油位低	176	MR	ED	UTL	2
87 *	GEN SHELTER HALON/DETECTION SYS FAULT	发电机方舱灭火/检测系统故障	137	MR	ED	UTL	2
88 *	GENERATOR MAINTENANCE REQUIRED	发电机需要维护	122	MR	ED	UTL	2
89 *	GEN STARTING BATTERY VOLTAGE LOW	发电机启动电池电压低	124	MM	ED	UTL	2

续表

序号	报警信息(英)	报警信息(中)	报警码	状态	类型	设备	取样
90 *	GENERATOR SHELTER TEMP EXTREME	发电机方舱过温	175	MM	ED	UTL	2
H							
91	HWSP END AROUND TEST ERROR	硬件信号处理器闭环测试错误	589	MM	ED	RSP	1
I							
92	I CHANNEL BIAS OUT OF LIMIT	I 通道偏差超限	490	MM	ED	RSP	1
93	IF ATTEN CALIBRATION SIGNAL DEGRADED	中频衰减器标定信号变坏	477	MM	ED	RSP	1
94	IF ATTEN CAL INHIBITED－INVALID DATA	禁止中频衰减器标定—无效数据	476	MM	ED	RSP	1
95	IF ATTEN STEP SIZE DEGRADED	中频衰减器步进量变坏	474	MM	ED	RSP	1
96	IF ATTEN STEP SIZE－MAINT REQUIRED	中频衰减器步进量需要维护	503	MR	ED	RSP	1
97	INTERPROCESSOR CONTROL CMD REJECTED	拒绝执行内部处理器控制命令	550	N/A	OC	N/A	
98	INIT SEQ TIMEOUT－RESTART INITIATED	初始化序列超时—重新初始化	700	N/A	OC	N/A	
99	INVALID CENSOR ZONE MESSAGE RECEIVED	收到无效的杂波区信息	679	N/A	OC	N/A	
100	INVALID RPG COMMAND RECEIVED	收到无效的 RPG 命令	395	N/A	OC	N/A	
101	INVALID REMOTE VCP RECEIVED	收到无效的遥控体扫表	393	N/A	OC	N/A	
102	INVERSE DIODE CURRENT UNDERVOLTAGE	反向二极管电流欠压	69	MM	ED	N/A	2
103	I/Q AMP BALANCE DEGRADED	I/Q 幅度平衡变坏	472	MM	ED	RSP	1
104	I/Q AMP BALANCE－MAINT REQUIRED	I/Q 幅度平衡需要维护	505	MR	ED	RSP	1
105	I/Q PHASE BALANCE DEGRADED	I/Q 相位平衡变坏	473	MM	ED	RSP	1
106	I/Q PHASE BALANCE－MAINT REQUIRED	I/Q 相位平衡需要维护	507	MR	ED	RSP	1
107	ISU PERFORMANCE DEGRADED	干扰抑制单元性能变坏	522	MM	ED	RSP	1
K							
108	KLYSTRON AIR FLOW FAILURE	速调管气流故障	84	MM	ED	N/A	2
109	KLYSTRON AIR OVER TEMP	速调管气温过高	83	MM	ED	N/A	2
110	KLYSTRON FILAMENT CURRENT FAIL	速调管灯丝电流故障	81	MM	ED	N/A	2
111	KLYSTRON OVERCURRENT	速调管过流	80	MM	ED	N/A	2
112	KLYSTRON VACION CURRENT FAIL	速调管真空泵电流故障	82	MM	ED	N/A	2
L							
113	LIN CHAN CLUTTER REJECTION DEGRADED	线性通道杂波抑制变坏	486	MM	ED	RSP	1
114	LIN CHAN CLTR REJECT－MAINT REQUIRED	线性通道杂波抑制需要维护	487	MR	ED	RSP	1
115	LIN CHAN GAIN CAL CONSTANT DEGRADED	线性通道增益标定常数变坏	481	MM	ED	RSP	1
116	LIN CHAN GAIN CAL CHECK DEGRADED	线性通道增益标定检查变坏	480	MM	ED	RSP	1
117	LIN CHAN GAIN CAL CHECK－MAINT REQD	线性通道增益标定检查需要维护	479	MR	ED	RSP	1
118	LIN CHAN KLY OUT TEST SIGNAL DEGRADED	线性通道速调管输出测试信号变坏	533	MM	ED	RSP	1
119	LIN CHANNEL NOISE LEVEL DEGRADED	线性通道噪声电平变坏	470	MM	ED	RSP	1
120	LIN CHAN RF DRIVE TST SIGNAL DEGRADED	线性通道射频激励测试信号变坏	523	MM	ED	RSP	1

续表

序号	报警信息(英)	报警信息(中)	报警码	状态	类型	设备	取样
121	LIN CHAN TEST SIGNALS DEGRADED	线性通道测试信号变坏	527	MM	ED	RSP	1
122 *	LOG CHAN CAL CHECK DEGRADED	对数通道标定检查变坏	530	MM	ED	RSP	1
123 *	LOG CHAN CAL CHK－MAINT REQUIRED	对数通道标定检查需要维护	532	MR	ED	RSP	1
124 *	LOG CHAN CLUTTER REJECTION DEGRADED	对数通道杂波抑制变坏	488	MM	ED	RSP	1
125 *	LOG CHAN CLTR REJECT－MAINT REQUIRED	对数通道杂波抑制需要维护	489	MR	ED	RSP	1
126 *	LOG CHAN GAIN CAL CONSTANT DEGRADED	对数通道增益标定常数变坏	482	MM	ED	RSP	1
127 *	LOG CHAN KLY OUT TEST SIGNAL DEGRADED	对数通道速调管输出测试信号变坏	534	MM	ED	RSP	1
128 *	LOG CHANNEL NOISE LEVEL DEGRADED	对数通道噪声电平变坏	469	MM	ED	RSP	1
129 *	LOG CHAN RF DRIVE TST SIGNAL DEGRADED	对数通道射频激励测试信号变坏	524	MM	ED	RSP	1
130 *	LOG CHAN TEST SIGNALS DEGRADED	对数通道测试信号变坏	528	MM	ED	RSP	1
M							
131 *	MAINT CONSOLE －15V POWER SUPPLY FAIL	维护控制台－15 V 电源故障	265	MM	ED	CTR	2
132 *	MAINT CONSOLE ＋5V POWER SUPPLY FAIL	维护控制台＋5 V 电源故障	252	MM	ED	CTR	2
133 *	MAINT CONSOLE ＋15V POWER SUPPLY FAIL	维护控制台＋15 V 电源故障	251	MM	ED	CTR	2
134 *	MAINT CONSOLE ＋28V POWER SUPPLY FAIL	维护控制台＋28 V 电源故障	250	MM	ED	CTR	2
135 *	MMI INITIALIZATION ERROR	人机界面初始化错误	449	MM	ED	CTR	1
136 *	MMI I/O STATUS ERROR	人机界面输入/输出状态错误	460	N/A	FO	N/A	
137 *	MMI TASK PAUSED－RESTART INITIATED	人机界面任务暂停－重新初始化	620	N/A	OC	N/A	
138	MOD ADAP DATA FILE READ FAILED	读当前适配数据文件失败	439	MM	ED	CTR	1
139	MODULATOR INVERSE CURRENT FAIL	调制器反峰电流故障	65	MM	ED	N/A	2
140	MODULATOR OVERLOAD	调制器过载	64	MM	ED	N/A	2
141	MODULATOR SWITCH FAILURE	调节器开关故障	66	MM	ED	N/A	2
142	MULT DAU CMD TOUTS－RESTART INITIATED	多个 DAU 命令超时－重新初始化	654	N/A	OC	N/A	
143	MULT DAU I/O ERROR－RDA FORCED TO STBY	多个 DAU 输入/输出错误－RDA 强制待机	465	N/A	OC	N/A	
144	MULT PED I/O ERROR－RDA FORCED TO STBY	多个 PED 输入/输出错误－RDA 强制待机	467	N/A	OC	N/A	
145	MULT SPS I/O ERROR－RDA FORCED TO STBY	多个 SPS 输入/输出错误－RDA 强制待机	466	N/A	OC	N/A	
N							
146 *	NO INTERPROCESSOR COMMAND RESPONSE	无内部处理器命令响应	551	N/A	OC	N/A	
147	NOTCH WIDTH MAP GENERATION ERROR	生成凹口宽度图错	380	MM	ED	CTR	1

续表

序号	报警信息（英）	报警信息（中）	报警码	状态	类型	设备	取样
P							
148	PEDESTAL −15V POWER SUPPLY 1 FAIL	天线座 1 号电源故障：−15 V	331	MM	ED	PED	2
149	PEDESTAL +5V POWER SUPPLY 1 FAIL	天线座 1 号电源故障：+5 V	332	MM	ED	PED	2
150	PEDESTAL +15V POWER SUPPLY 1 FAIL	天线座 1 号电源故障：+15 V	330	MM	ED	PED	2
151	PEDESTAL +28V POWER SUPPLY 2 FAIL	天线座 2 号电源故障：+28 V	333	MM	ED	PED	2
152	PEDESTAL +150V OVERVOLTAGE	天线座 +150 V 过压	303	MM	ED	PED	2
153	PEDESTAL +150V UNDERVOLTAGE	天线座 +150 V 欠压	304	MM	ED	PED	2
154	PEDESTAL DYNAMIC FAULT	天线座动态故障	336	IN	ED	PED	1
155	PEDESTAL INITIALIZATION ERROR	天线座初始化错	450	IN	ED	PED	3
156	PEDESTAL I/O STATUS ERROR	天线座输入/输出状态错	463	N/A	FO	N/A	
157	PEDESTAL INTERLOCK OPEN	天线座互锁打开	337	IN	ED	PED	1
158	PEDESTAL SELF TEST 1 ERROR	天线座自检 1 错	604	N/A	FO	N/A	
159	PEDESTAL SELF TEST 2 ERROR	天线座自检 2 错	605	N/A	FO	N/A	
160	PEDESTAL UNABLE TO PARK	天线座无法停在停放位置	339	IN	ED	PED	1
161	PEDESTAL STOPPED	天线座停止	338	IN	ED	PED	1
162	PED SERVO SWITCH FAILURE	天线座伺服开关故障	341	IN	ED	PED	3
163 *	PED TASK PAUSED−RESTART INITIATED	天线座任务暂停—重新初始化	623	N/A	OC	N/A	
164 *	POWER TRANSFER NOT ON AUTO	电源未处于自动转换位置	128	MM	ED	UTL	2
165	PFN/PW SWITCH FAILURE	脉冲形成网络/脉冲宽度开关故障	47	IN	ED	XMT	3
166	PRF LIMIT	脉冲重复频率超限	77	MM	ED	N/A	2
167	PRT1 INTERVAL ERROR	脉冲重复时间 1 间隔错	381	N/A	FO	N/A	
168	PRT2 INTERVAL ERROR	脉冲重复时间 2 间隔错	382	N/A	FO	N/A	
Q							
169	Q CHANNEL BIAS OUT OF LIMIT	Q 通道偏差超限	491	MM	ED	RSP	1
R							
170	RADOME ACCESS HATCH OPEN	天线罩舱门开	151	IN	ED	UTL	2
171	RADOME AIR TEMP EXTREME	天线罩气温度过高	174	MR	ED	UTL	2
172	RADIAL DATA LOST	径向数据丢失	396	N/A	OC	N/A	
173	RADIAL TIME INTERVAL ERROR	径向时间间隔错误	383	N/A	FO	N/A	
174	RCVR −9V POWER SUPPLY 4 FAIL	接收机 4 号电源故障：−9V	135	MM	ED	UTL	2
175	RCVR +5V POWER SUPPLY 5 FAIL	接收机 5 号电源故障：+5V	132	MM	ED	RSP	2
176	RCVR +9V POWER SUPPLY 6 FAIL	接收机 6 号电源故障：+9V	139	MM	ED	RSP	2

续表

序号	报警信息(英)	报警信息(中)	报警码	状态	类型	设备	取样
177	RCVR +/−18V POWER SUPPLY 1 FAIL	接收机 1 号电源故障：±18 V	134	MM	ED	RSP	2
178	RCVR PROT +5V POWER SUPPLY 9 FAIL	接收机保护器 9 号电源故障：+5 V	147	MM	ED	RSP	2
179 *	RDA CHANNEL CONTROL FAILURE	RDA 通道控制故障	150	N/A	OC	N/A	
180	RDASC CAL DATA FILE WRITE FAILED	写 RDASC 标定数据文件失败	692	N/A	FO	N/A	
181	RDASOT CAL DATA FILE READ FAILED	读 RDASOT 标定数据文件失败	442	MM	ED	CTR	1
182 *	RECOMMEND SWITCH TO UTILITY POWER	建议切换到市电	421	N/A	N/A	N/A	
183 *	REDUN CHAN INTERFACE I/O STATUS ERROR	冗余通接口输入/输出状态错	464	N/A	FO	N/A	
184 *	REDUN CHAN TSK PAUSED−RSTRT INITIATED	冗余通道任务暂停—重新初始化	626	N/A	OC	N/A	
185	REMOTE VCP FILE WRITE FAILED	写远程体扫文件失败	687	N/A	OC	N/A	
186	REMOTE VCP NOT DOWNLOADED	未下载远程体扫表	394	N/A	OC	N/A	
187	RESERVED FOR INTERNAL RDA USE	(保留)	401	N/A	N/A	N/A	
188	RF GEN FREQ SELECT OSCILLATOR FAIL	射频产生器的频率选择振荡器故障	360	MM	ED	RSP	1
189	RF GEN PHASE SHIFTED COHO FAIL	射频产生器的相移相干振荡器故障	362	MM	ED	RSP	1
190	RF GEN RF/STALO FAIL	射频产生器的射频/稳定本振故障	361	MM	ED	RSP	1
191 *	RPG LINK−FUSE ALARM	RPG 连接—保险丝报警	25	MM	ED	N/A	1
192	RPG LINK INITIALIZATION ERROR	RPG 连接初始化错	452	MM	ED	RPG	1
193	RPG LINK−MAJOR ALARM	RPG 连接—主要报警	26	MM	ED	N/A	1
194	RPG LINK−MAJOR RCVR ALARM	RPG 连接—主接收器报警	23	MM	ED	N/A	1
195	RPG LINK−MAJOR XMTR ALARM	RPG 连接—主发射器报警	22	MM	ED	N/A	1
196	RPG LINK−MINOR ALARM	RPG 连接—次要报警	24	MM	ED	N/A	1
197	RPG−LINK−REMOTE ALARM	RPG 连接—远程报警	27	MM	ED	N/A	1
198 *	RPG LINK−SVC 15 ERROR	RPG 连接—网络超级用户呼叫 15 错误	21	MM	ED	N/A	1
199	RPG LOOP TEST TIMED OUT	RPG 闭环测试超时	391	N/A	OC	N/A	
200	RPG LOOP TEST VERIFICATION ERROR	RPG 闭环测试确认错	392	N/A	OC	N/A	
201 *	SECURITY SYSTEM DISABLED	安全系统无效	146	MR	ED	UTL	2
202 *	SECURITY SYSTEM EQUIPMENT FAILURE	安全系统设备故障	145	MR	ED	UTL	2
203	SEND DAU COMMAND TIMED OUT	发送 DAU 命令超时	651	N/A	FO	N/A	
204	SEND WIDEBAND STATUS TIMED OUT	发送宽带状态超时	650	N/A	FO	N/A	
205 *	SIGNAL PROC +5V POWER SUPPLY FAIL	信号处理器+5 V 电源故障	241				
206	SPECTRUM FILTER LOW PRESSURE	频谱滤波器压力过低	57	MM	ED	N/A	2

S

续表

序号	报警信息（英）	报警信息（中）	报警码	状态	类型	设备	取样
207 *	SPS AU RAM LOAD ERROR	SPS算术单元随机访问存储器载入错	595	N/A	FO	N/A	
208 *	SPS CLOCK/MICRO_P SET ERROR	SPS时钟/微码设置错	603	N/A	FO	N/A	
209 *	SPS COEFFICIENT RAM LOAD ERROR	SPS系数随机访问存储器载入错	593	N/A	FO	N/A	
210 *	SPS DIM LOOP TEST ERROR	SPS DIM闭环测试错	661	N/A	FO	N/A	
211 *	SPS HARDWARE INIT SELECT ERROR	SPS硬件初始化选择错	667	N/A	FO	N/A	
212	SPS HSP LOOP TEST ERROR	SPS硬件信号处理器闭环测试错	665	N/A	FO	N/A	
213	SPS INITIALIZATION ERROR	SPS初始化错	451	IN	ED	RSP	3
214	SPS I/O STATUS ERROR	信号处理系统输入/输出状态错	462	N/A	FO	N/A	
215 *	SPS MEMORY CLEAR ERROR	SPS清除内存错	590	N/A	FO	N/A	
216 *	SPS MICROCODE/ECW VERIFY ERROR	SPS微码/仿真控制字确认失败	592	N/A	FO	N/A	
217 *	SPS MICRO/ECW DATA FILE READ FAIL	SPS微码/仿真控制字数据文件失败	591	N/A	FO	N/A	
218 *	SPS MICROCODE/ECW LOAD ERROR	SPS微码/仿真控制字载入错	663	N/A	FO	N/A	
219 *	SPS READ TIMING ERROR	SPS读定时错	580	N/A	FO	N/A	
220 *	SPS RTD LOOP TEST ERROR	SPS RTD闭环测试错	664	N/A	FO	N/A	
221 *	SPS SMI LOOP TEST ERROR	SPS串行维护接口闭环测试错	662	N/A	FO	N/A	
222 *	SPS TASK PAUSED-RESTART INITIATED	SPS任务暂停—重新初始化	622	N/A	OC	N/A	
223 *	SPS WRITE TIMING ERROR	SPS写定时错	581	N/A	FO	N/A	
224	STANDBY FORCED BY INOP ALARM	不可工作报警强制系统待机	398	N/A	OC	N/A	
225	STATE FILE WRITE FAILED	写状态文件失败	690	MM	ED	N/A	1
226	SYSTEM NOISE TEMP DEGRADED	系统噪声温度变差	471	MM	ED	RSP	1
227	SYSTEM NOISE TEMP-MAINT REQUIRED	系统噪声温度—需要维护	521	MR	ED	RSP	1
228 *	SYSTEM STATUS MONITOR INIT ERROR	系统状态监视器初始化错	454	MM	ED	CTR	1
229	TRANSMITTER CABINET AIR FLOW FAIL	发射机机柜风流量故障	61	MM	ED	N/A	2
230	TRANSMITTER CABINET INTERLOCK OPEN	发射机机柜互联锁开	59	MM	ED	N/A	2
231	TRANSMITTER CABINET OVERTEMP	发射机机柜过温	60	MM	ED	N/A	2
232	TRANSMITTER FILTER DIRTY	发射机滤网脏	154	MR	ED	UTL	2
233	TRANSMITTER HV SWITCH FAILURE	发射机高压开关故障	96	IN	ED	XMT	3
234	TRANSMITTER INOPERATIVE	发射机不可操作	98	IN	ED	XMT	2
235	TRANSMITTER LEAVING AIR TEMP EXTREME	发射机排气过温	173	MM	ED	UTL	2
236	TRANSMITTER MAIN POWER OVERVOLTAGE	发射机电源电压过压	67	MM	ED	N/A	2
237	TRANSMITTER OIL LEVEL LOW	发射机油位低	78	MM	ED	N/A	2
238	TRANSMITTER OIL OVER TEMP	发射机油过温	76	MM	ED	N/A	2

续表

序号	报警信息(英)	报警信息(中)	报警码	状态	类型	设备	取样
239	TRANSMITTER OVERCURRENT	发射机过流	73	MM	ED	N/A	2
240	TRANSMITTER OVERVOLTAGE	发射机过压	72	MM	ED	N/A	2
241	TRANSMITTER PEAK POWER HIGH	发射机峰值功率高	201	MM	ED	XMT	1
242	TRANSMITTER PEAK POWER LOW	发射机峰值功率低	200	MM	ED	XMT	1
243	TRANSMITTER POWER BITE FAIL	发射机功率机内测试设备故障	209	MM	ED	CTR	1
244	TRANSMITTER RECYCLING	发射机故障恢复循环	97	MM	ED	XMT	2
245	TRIGGER AMPLIFIER FAILURE	触发放大器故障	70	MM	ED	N/A	2
U							
246 *	UNABLE TO CMD OPER－REDUN CHAN ONLINE	不能命令操作—冗余通道在线	552	N/A	OC	N/A	
247 *	UNAUTHORIZED SITE ENTRY	非授权进入雷达站	144	MR	ED	UTL	2
248 *	USER LINK－FUSE ALARM	用户连接—保险丝报警	35	MM	ED	N/A	1
249 *	USER LINK －GENERAL ERROR	用户连接——般错误	30	MM	ED	N/A	1
250 *	USER LINK INITIALIZATION ERROR	初始化用户连接错	453	MM	ED	USR	1
251 *	USER LINK－MAJOR RCVR ALARM	用户连接—主接收器报警	33	MM	ED	N/A	1
252 *	USER LINK－MAJOR XMTR ALARM	用户连接—主发射器报警	32	MM	ED	N/A	1
253 *	USER LINK－MAJOR ALARM	用户连接—主要报警	36	MM	ED	N/A	1
254 *	USER LINK－MINOR ALARM	用户连接—次要报警	34	MM	ED	N/A	1
255 *	USER LINK－REMOTE ALARM	用户连接—远程报警	37	MM	ED	N/A	1
256 *	USER LINK－SVC 15 ERROR	用户连接—网络超级用户呼叫 15 错误	31	MM	ED	N/A	1
257 *	USER LOOP TEST TIMED OUT	用户闭环测试超时	671	N/A	FO	N/A	
258 *	USER LOOP TEST VERIFICATION ERROR	用户闭环测试确认错	672	N/A	FO	N/A	
259 *	USER LU ASSIGN ERROR	用户逻辑单元分配错	456				
V							
260	VELOCITY/WIDTH CHECK DEGRADED	速度/谱宽检查变坏	483	MM	ED	RSP	1
261	VELOCITY/WIDTH CHECK－MAINT REQUIRED	速度/谱宽检查—需要维护	484	MR	ED	RSP	1
W							
262	WAVEGUIDE ARC/VSWR	波导开关打火/电压驻波比	58	MM	ED	N/A	2
263	WAVEGUIDE HUMIDITY/PRESSURE FAULT	波导开关湿度/压力故障	95	MM	ED	XMT	2
264	WAVEGUIDE/PFN TRANSFER INTERLOCK	波导开关/脉冲形成网络转换器互锁	44	IN	ED	XMT	2
265	WAVEGUIDE SWITCH FAILURE	波导开关故障	43	IN	ED	XMT	3
266 *	WDOG TIMER TSK PAUSED－RSTRT INITIATED	看门狗计时器任务暂停—重新初始化	627	N/A	OC	N/A	
267 *	WIDBND TASK PAUSED－RESTART INITIATED	带任务暂停—重新初始化	624	N/A	OC	N/A	
X							
268	XMTR －15VDC POWER SUPPLY 5 FAIL	发射机 5 号电源故障：－15 V 直流	51	MM	ED	N/A	2
269	XMTR ＋5VDC POWER SUPPLY 6 FAIL	发射机 6 号电源故障：＋5 V 直流	48	MM	ED	N/A	2

续表

序号	报警信息（英）	报警信息（中）	报警码	状态	类型	设备	取样
270	XMTR +15VDC POWER SUPPLY 4 FAIL	发射机 4 号电源故障：+15 V 直流	49	MM	ED	N/A	2
271	XMTR +28VDC POWER SUPPLY 3 FAIL	发射机 3 号电源故障：+28 V 直流	50	MM	ED	N/A	2
272	XMTR +45VDC POWER SUPPLY 7 FAIL	发射机 7 号电源故障：+45 V 直流	52	MM	ED	N/A	2
273	XMTR/ANT PWR RATIO DEGRADED	发射机/天线功率比率变气	208	MM	ED	XMT	1
274	XMTR/DAU INTERFACE FAILURE	发射机/DAU 接口故障	110	MM	ED	XMT	2
275	XMTR IN MAINTENANCE MODE	发射机处于维护状态	45	IN	ED	XMT	2
276	XMTR MODULATOR SWITCH REQUIRES MAINT	发射机脉冲调制器开关需要维护	93	MR	ED	XMT	2
277	XMTR POST CHARGE REG REQUIRES MAINT	发射机后充电整形器需要维护	94	MR	ED	XMT	2
278	XMTR POWER METER ZERO OUT OF LIMIT	发射机功率计零点超限	206	MM	ED	CTR	1

注：(1)序号栏：* 表示 CINRAD 尚未使用。

(2)状态栏：MM 表示必须维护，MR 表示需要维护，IN 表示不可工作，NA 表示不适用。

(3)类型栏：ED 为边缘检测报警（Edge Detected Alarms），OC 为故障报警（Occurrence Alarms），FO 为过滤后的故障报警（Filtered Occurrence Alarms）。

(4)设备栏：CTR 表示控制，PED 表示天线座，RSP 表示接收机/信号处理器，UCP 表示雷达系统控制台，USR 表示用户，XMT 表示发射机，ARCH 表示存档 A，UTL 表示塔/市电。

附录 7　CINRAD/SA 雷达备件三级清单

附表 7.1　国家级雷达备件清单

序号	名　　称	部　件　号	高层代号	批采价(元)	零采价(元)
1	8.5 米天线	US2.943.0088MX	2A2	272826	281011
2	控制保护板	HL2.315.100	3A3A1	123562	127269
3	固态放大器	HL3.688.003MX	3A4	127833	131668
4	射频脉冲形成器	HL2.841.001MX	3A5	112138	115502
5	油箱组件	AL4.720.215MX	3A7	150000	154500
6	3A12 调制器	HL2.871.001MX	3A12	253056	260648
7	速调管	VKS−8287	3A13	365500	376465
8	磁场电源	HL2.936.100MX	3PS2	105869	109045
9	频率源	AC2.827.001	4A1	295281	304139
10	功率放大单元	US2.808.0202	5A7	244248	251575
11	谐波滤波器	AL2.834.020	1WG6	91046	93777
12	环行器	AL2.970.063	1WG8	97850	100786
13	可编程信号处理器 PSP	FRU 600−00458	5A9	116065	119547
14	轴承	1222A31	2A1A1A5	58000	59740
15	齿轮轴承	1222A30	2A1A1A6	83200	85696
16	天线座	US4.225.0687MX	2A1	49845	51340
17	定向耦合器	AL2.969.280	1DC1	6740	6942
18	定向耦合器	AL2.969.275	1DC2	6740	6942
19	中功率负载	1AT2	8857	9123	
20	小功率负载	1AT3	7597	7825	
21	低功率负载	1AT5	2658	2738	
22	馈源罩	US7.850.0049	6580	6777	
23	E 弯波导	AL2.960.1781	1WG7	4018	4139
24	E 弯波导	AL2.960.1782	1WG3	4018	4139
25	E 弯波导	AL2.960.1783	1WG4	4018	4139
26	E 弯波导	AL2.960.1784	1WG15	4018	4139
27	E 弯波导	AL2.960.1785	1WG14	4018	4139
28	H 弯波导	AL2.960.1786	1WG5	4018	4139
29	H 弯波导	AL2.960.1787	1WG9	4018	4139
30	90°弯波导	HL5.970.002	3WG1	6740	6942
31	45°扭波导	HL5.970.003	3WG2	9462	9746

续表

序号	名　称	部　件　号	高层代号	批采价(元)	零采价(元)
32	软波导	HL5.970.004	3WG3	6233	6420
33	水平弯波导	HL5.970.005	3WG4	6740	6942
34	偏心波导	HL5.970.006	3WG5	6740	6942
35	波导开关	1213657−201	1WG13	33123	34117
36	软波导	AL2.960.1840	2WG01	6233	6420
37	E 面弯波导	AL2.960.1839	2WG02	4018	4139
38	H 面弯波导	AL2.960.1336	2WG03	4018	4139
39	H 面弯波导	AL2.960.1787	2WG05	4018	4139
40	弯波导五	US5.970.174	2WG07	1782	1835
41	弯波导四	US5.970.175	2WG08	3187	3283
42	直波导	US5.970.176	2WG09	3817	3932
43	弯波导三	US5.970.177	2WG10	1782	1835
44	弯波导二	US5.970.178	2WG11	3187	3283
45	弯波导一	US5.970.179	2WG12	3565	3672
46	BJ−32 弯波导 1	US5.970.243	2WG14	1782	1835
47	软波导	USA−MICROTECH MTPS284.602.N.39.4A	2WG15	6233	6420
48	BJ−32 弯波导 2	US5.970.244	2WG16	12637	13016
49	BJ−32 弯波导 5	US5.970.245	2WG17	12637	13016
50	BJ−32 弯波导 3	US5.970.247	2WG19	12637	13016
51	BJ−32 弯波导 7	US5.970.248	2WG20	4321	4451
52	BJ−32 弯波导 4	US5.970.249	2WG21	1782	1835
53	过渡波导	US7.083.325	2WG22	4825	4970
54	直波导	AL2.960.1788	1WG10	6740	6942
55	RDA 转接箱	HL3.691.001	7A1	8960	9229
56	发射机风道组合	HL4.409.000−X	7A2	5000	5150
57	电缆走线架	HL4.118.000−X		6000	6180

附表 7.2　省级雷达备件清单

序号	名称	部件号	高层代号	批采价(元)	零采价(元)
1	轴角盒	US2.688.0003MX	2A1A1A6/2A1A3A6	84385	86917
2	环行器	AL2.970.063	2WG04	78000	80340
3	接收机保护器	AG4065C.3.02	2A3	85260	87818
4	方位旋转关节	FW−JOINT	2A1A4	73997	76217
5	俯仰旋转关节	FY−JOINT	2A1A5	73997	76217
6	俯仰箱	US4.225.0686MX	2A1A1	82582	85059
7	显示控制板	HL2.319.100	3A3A2	67171	69186

续表

序号	名称	部件号	高层代号	批采价(元)	零采价(元)
8	3A8 后充电校平	HL2.908.002MX	3A8	88102	90745
9	3A10 开关组件	HL3.601.001MX	3A10	86926	89534
10	聚焦线圈	V1093	3A17	78200	80546
11	3PS1 灯丝电源	HL2.936.001MX	3PS1	75489	77754
12	RF 数控衰减器	DA－B48S	4A23	62934	64822
13	A/D 时钟模块	HL2.877.000JT	4A51	64500	66435
14	A/D 高速采集模块	HL2.868.003JT	4A52	96400	99292
15	数字控制单元	US2.425.0022	5A6	90413	93125
16	变频器	SG6030B	5A7A1	97100	100013
17	数字变频转换组合	HL3.688.001	5A18	51566	53113
18	硬件信号处理器 HSP(A)	HL2.084.000－2/－3	5A10A1	62382	64253
19	硬件信号处理器 HSP(B)	HL2.089.000WJT－2	5A10A2	62382	64253
20	空气压缩机	HL3.963.001	UD6	64741	66683
21	高功率负载	AL2.978.081	1AT4	42121	43385
22	光电码盘	CHM510	2A1A1B1	47500	48925
23	上光端机	HL2.000.009－90	2A20	34444	35477
24	上光纤线路板	HL2.000.007W	2A20A1	20574	21191
25	俯仰同步箱	US4.030.0016MX	2A1A1A1	24178	24903
26	俯仰电机	1FT5072－0AC0	2A1A1M1	45205	46561
27	方位电机	1FT5072－0AC0	2A1A1M2	45205	46561
28	整流组件	HL2.930.100MX	3A2	27440	28263
29	3A9 电容组件	HL2.930.101MX	3A9	43043	44334
30	3A11 触发器	HL2.863.001MX	3A11	29106	29979
31	3PS8 钛泵电源	HL2.933.102MX	3PS8	31115	32048
32	接收机电源	HL2.932.005－7	4PS1	20169	20774
33	接收机电源	HL2.932.005－8	4PS2	20169	20774
34	接收机电源	HL2.932.005－9	4PS3	20169	20774
35	接收机电源	HL2.932.002	4PS4	20169	20774
36	10 位 RF 测试开关	N10－427J001	4A27	43920	45238
37	微波延迟线	MBE－1022	4A21	41978	43237
38	接收机接口板	CRD4－A32－00－00	4A32	32250	33218
39	干扰检测器	CRD4－A19－00－00	4A19	36345	37435
40	10 位 IF 开关	CRD4－A28－00－00	4A28	46260	47648
41	单片机监控单元	US2.359.0020	5A6AP2	23317	24017
42	模拟环路	US2.891.2299	5A6AP1	36045	37126
43	伺服电源变压器	GSG－16/0.5	5A27	25000	25750

续表

序号	名称	部件号	高层代号	批采价(元)	零采价(元)
44	数字下变频板	HL3.692.004	5A18A1	32541	33517
45	数据格式转换板	HL3.692.005	5A18A2	23028	23719
46	HSP－PSP接口转换板	LINK 3_2	5A9A1	20505	21120
47	DAU组合	HL2.900.000－60	5A3	41234	42471
48	检波器		1CR1,1CR2	1970	2029
49	接线盒	US6.106.708	2A1A7A3	3200	3296
50	开关盒	US6.618.0000	2A1A7A4	1700	1751
51	馈源	US2.946.1936MX	2A2A1	7093	7306
52	小功率负载	AL2.978.083	2AT01	4018	4139
53	定向耦合器		2DC02	3258	3356
54	波导同轴转换	HD－32WCANK/FAE	2WG30	2075	2137
55	定向耦合器	RH2969011	2DC01	3168	3263
56	喇叭	US7.083.324	2WG23	7093	7306
57	功率监视器	1213625－201	2A5	14308	14737
58	上光端机电源	HL2.932.005－5	2PS1	8845	9110
59	俯仰手动机构	US6.063.0020	2A1A1A2	5077	5229
60	调隙机构	US6.064.0002	2A1A1A3	5077	5229
61	俯仰联轴节	US6.340.0066	2A1A1A4	5721	5893
62	缓冲器	US6.400.0001	2MP1－2MP4	5077	5229
63	RF检波对数放大	CRD4－A29－00－00	4A29	18196	18742
64	4路功率分配器	CRD4－A20－00－00	4A20	8427	8680
65	固定衰减器	AC2.972.010JT	4A33	1257	1295
66	RF/IF测试监视器	HL2.900.005MX	4A31	11467	11811
67	IF对数放大检波	CRD4－A30－00－00	4A30	18196	18742
68	G＋对放检波器	CRD4－A17－00－00	4A17	16574	17071
69	G－对放检波器	CRD4－A18－00－00	4A18	16574	17071
70	IF保护带(G±)放大器	CRD4－A14－00－00	4A14	10568	10885
71	G＋带通滤波器	CRD4－A15－00－00	4A15	6232	6419
72	G－带通滤波器	CRD4－A16－00－00	4A16	6232	6419
73	IF放大/限幅器	CRD4－A9D－00－00	4A9D	11906	12263
74	带通滤波器	CRD4－A6D－00－00	4A6D	6232	6419
75	多输出主对数放大检波	CRD4－A12－00－00	4A12	16574	17071
76	A16组合	HL3.692.002	5A16	5971	6150
77	A16转接板	HL3.692.003	5A16A1	3000	3090
78	维护面板	HL2.949.4001	5A2	6373	6564
79	UPS	HL2.937.002JT	5A26	6992	7202

续表

序号	名称	部件号	高层代号	批采价(元)	零采价(元)
80	98A1 面板组合	HL5.560.902	98A1	1280	1318
81	98A2 面板组合	HL5.560.903	98A2	1280	1318
82	98A9 面板组合	HL5.560.904	98A9	1380	1421
83	电缆	AC4.853.005MX	4W404	690	711
84	电缆	AC4.853.006MX	4W405	690	711
85	电缆	AC4.853.007MX	4W406	690	711
86	电缆	AC4.853.008MX	4W407	690	711
87	电缆	AC4.853.012MX	4W411	690	711
88	电缆	AC4.853.013MX	4W412	690	711
89	电缆	AC4.853.014－1MX	4W413	690	711
90	电缆	AC4.855.004MX	4W501	690	711
91	电缆	AC4.855.005MX	4W502	690	711
92	电缆	AC4.855.006MX	4W503	690	711
93	电缆	AC4.855.008MX	4W505	690	711
94	电缆	AC4.855.009MX	4W506	690	711
95	电缆	AC4.851.011MX	4W323	3190	3286
96	电缆	AC4.851.012MX	4W302	690	711
97	电缆	AC4.851.013MX	4W303	690	711
98	电缆	AC4.851.014MX	4W304	690	711
99	电缆	AC4.851.015MX	4W306	690	711
100	电缆	AC4.851.016MX	4W308	690	711
101	电缆	AC4.851.017MX	4W309	690	711
102	电缆	AC4.851.018MX	4W310	690	711
103	电缆	AC4.851.019MX	4W311	690	711
104	电缆	AC4.851.020MX	4W322	690	711
105	电缆	AC4.853.001MX	4W400	690	711
106	电缆	AC4.853.002MX	4W401	690	711
107	电缆	AC4.853.003MX	4W402	690	711
108	电缆	AC4.853.004MX	4W403	690	711
109	电缆	AC4.850.057MX	4W209	690	711
110	电缆	AC4.850.058MX	4W210	690	711
111	电缆	AC4.850.059MX	4W211	690	711
112	电缆	AC4.850.060MX	4W212	690	711
113	电缆	AC4.850.061MX	4W213	690	711
114	电缆	AC4.850.062MX	4W214	690	711
115	电缆	AC4.850.063MX	4W215	690	711

序号	名称	部件号	高层代号	批采价(元)	零采价(元)
116	电缆	AC4.850.064MX	4W216	690	711
117	电缆	AC4.850.065MX	4W217	690	711
118	电缆	AC4.850.066MX	4W218	690	711
119	电缆	AC4.850.067MX	4W219	690	711
120	电缆	AC4.850.069MX	4W221	690	711
121	电缆	AC4.850.070-1MX	4W222	690	711
122	电缆	AC4.850.071MX	4W224	690	711
123	电缆	AC4.850.041MX	4W106	690	711
124	电缆	AC4.850.042MX	4W107	690	711
125	电缆	AC4.850.043MX	4W110	690	711
126	电缆	AC4.850.044MX	4W114	690	711
127	电缆	AC4.850.045MX	4W115	690	711
128	电缆	AC4.850.046MX	4W129	690	711
129	电缆	AC4.850.047MX	4W132	690	711
130	电缆	AC4.850.048MX	4W200	690	711
131	电缆	AC4.850.049MX	4W201	690	711
132	电缆	AC4.850.050MX	4W202	690	711
133	电缆	AC4.850.051MX	4W203	690	711
134	电缆	AC4.850.052MX	4W204	690	711
135	电缆	AC4.850.056-1MX	4W208	690	711
136	电缆	AC4.850.023MX	4W100	690	711
137	电缆	AC4.850.024MX	4W102	690	711
138	电缆	AC4.850.025MX	4W103	690	711
139	电缆	AC4.850.026MX	4W104	690	711
140	电缆	AC4.850.027MX	4W105	690	711
141	电缆	AC4.850.028MX	4W109	690	711
142	电缆	AC4.850.029MX	4W111	690	711
143	电缆	AC4.850.030MX	4W112	690	711
144	电缆	AC4.850.031MX	4W113	690	711
145	电缆	AC4.850.032MX	4W116	690	711
146	电缆	AC4.850.033MX	4W117	690	711
147	电缆	AC4.850.034MX	4W118	690	711
148	电缆	AC4.850.035MX	4W119	690	711
149	电缆	AC4.850.036MX	4W120	690	711
150	电缆	AC4.850.037MX	4W121	690	711
151	电缆	AC4.850.038MX	4W122	690	711

续表

序号	名称	部件号	高层代号	批采价(元)	零采价(元)
152	电缆	AC4.850.039MX	4W123	690	711
153	电缆	AC4.850.040MX	4W128	690	711
154	电缆	AC4.855.010MX	4W507	690	711
155	电缆	AC4.855.011MX	4W508	690	711
156	电缆	AC4.855.012MX	4W509	690	711
157	电缆	AC4.855.013MX	4W510	690	711
158	电缆	AC4.855.014MX	4W511	690	711
159	电缆	AC4.855.015MX	4W512	690	711
160	电缆	AC4.855.016MX	4W513	690	711
161	电缆	AC4.855.017MX	4W514	690	711
162	电缆	AC4.855.018MX	4W515	690	711
163	电缆	AC4.855.019−1MX	4W516	690	711
164	电缆	AC4.855.020MX	4W518	690	711
165	电缆	AC4.855.021MX	4W517	690	711
166	电缆	AC4.855.022MX	4W519	690	711
167	电缆	AC4.855.023MX	4W611	690	711
168	电缆	HL4.853.028−91	5W679	817	842
169	电缆	HL4.853.002−90	5W680	817	842
170	电缆	HL4.853.003−90	5W681	817	842
171	电缆	HL4.853.004−90	5W682	817	842
172	电缆	HL4.853.005−90	5W683	817	842
173	电缆	HL4.853.006−90	5W684	817	842
174	电缆	HL4.853.007−90	5W685	817	842
175	电缆	HL4.853.008−90	5W686	817	842
176	电缆	HL4.853.009−90	5W687	817	842
177	电缆	HL4.853.010−90	5W688	817	842
178	电缆	HL4.853.011−90	5W689	817	842
179	电缆	HL4.853.012−90	5W690	817	842
180	电缆	HL4.853.013−90	5W691	817	842
181	电缆	HL4.855.001−90	5W692	817	842
182	电缆	HL4.853.019−90	5W693	817	842
183	电缆	HL4.853.020−90	5W694	817	842
184	电缆	HL4.855.002−90	5W695	817	842
185	电缆	HL4.853.024−90	5W696	817	842
186	电缆	HL4.855.007−90	5W702	817	842
187	电缆	HL4.855.006	5W704	817	842

续表

序号	名称	部件号	高层代号	批采价(元)	零采价(元)
188	电缆	HL4.855.209	5W103	817	842
189	电缆	HL4.855.002-1	5W648	817	842
190	电缆	HL4.855.204	5W104	817	842
191	电缆	US4.853.360	5W1	817	842
192	电缆	US4.855.360	5W2	817	842
193	电缆	HL4.855.003-1	5W649	817	842
194	电缆	HL4.855.208	5W102	817	842
195	电缆	HL4.855.000-90	5W625	817	842
196	电缆	HL4.855.206	5W100	817	842
197	电缆	HL4.855.207	5W101	817	842
198	电缆	HL4.853.003	5W606	817	842
199	电缆	HL4.853.013	5W629	817	842
200	电缆	HL4.853.001	5W604	817	842
201	电缆	HL4.853.023-90	5W631	817	842
202	电缆	HL4.853.000	5W602	817	842
203	电缆	HL4.853.019	5W717	817	842
204	电缆	HL4.855.001-2	5W630	817	842
205	电缆	HL4.853.009	5W622	817	842
206	电缆	HL4.853.002	5W605	817	842
207	电缆	HL4.853.012	5W628	817	842
208	电缆	HL4.855.011-90	5W728	817	842
209	电缆	HL4.855.012-90	5W729	817	842
210	电缆	HL4.853.017	5W670	817	842
211	电缆	HL4.855.004	5W700	817	842
212	电缆	HL5.000.000W	5W716	817	842
213	电缆	HL5.000.000W	5W715	817	842
214	电缆	HL5.000.000W	5W714	817	842
215	电缆	HL5.000.000W	5W713	817	842
216	电缆	HL5.000.000W	5W711	817	842
217	电缆	HL5.000.000W	5W712	817	842
218	电缆	HL4.853.015	5W634	817	842
219	电缆	HL4.855.008	5W720	817	842
220	电缆	HL4.855.010-90	5W722	817	842
221	电缆	HL4.853.124	5W723	817	842
222	电缆	HL4.855.188	98W51	723	745
223	电缆	HL4.855.187	98W40	1230	1267

续表

序号	名称	部件号	高层代号	批采价(元)	零采价(元)
224	电缆	HL4.855.183	98W36	1230	1267
225	电缆	HL4.855.180	98W31	930	958
226	电缆	HL4.855.182	98W35	723	745
227	电缆	HL4.855.181	98W32	930	958
228	电缆	HL4.855.186	98W39	2164	2229
229	电缆	HL4.855.184	98W37	1050	1082
230	电缆	HL4.855.185－3	98W38	1050	1082
231	电缆	HL4.855.005－90	W5	1050	1082
232	电缆	HL4.855.101－1	W8	1380	1421
233	电缆	HL4.853.101	W11	1770	1823
234	电缆	HL4.855.102－1	W12	930	958
235	电缆	HL4.855.103－2	W14	2426	2499
236	电缆	HL4.853.103	W19	1380	1421
237	电缆	HL4.853.128	W20	1815	1869
238	电缆	HL4.853.129	W21	1540	1586
239	电缆	HL4.853.133	W25	1200	1236
240	电缆	HL4.853.014－90	W35	930	958
241	电缆	HL4.853.015－90	W36	875	901
242	电缆	HL4.853.016－90	W37	930	958
243	电缆	HL4.853.017－90	W38	1050	1082
244	电缆	HL4.853.018－90	W39	930	958
245	电缆	HL4.850.110	W57	410	422
246	电缆	HL4.850.111	W58	320	330
247	电缆	HL4.850.119	W59	1560	1607
248	电缆	HL4.850.120	W60	1720	1772
249	电缆	HL4.850.122	W61	1380	1421
250	电缆	HL4.850.115	W75	375	386
251	电缆	HL4.850.116	W76	875	901
252	电缆	HL4.853.021－90	W92	375	386
253	电缆	HL4.853.022－90	W93	375	386
254	电缆	HL4.853.025－X	W94	375	386
255	电缆	HL4.853.026－X	W95	375	386
256	电缆	HL4.855.003－X	W96	375	386
257	电缆	HL4.855.004－X	W97	375	386
258	电缆	HL4.855.280－3	W100	1200	1236
259	电缆	HL4.855.281－3	W101	875	901

续表

序号	名称	部件号	高层代号	批采价(元)	零采价(元)
260	电缆	HL4.855.282－3	W102	875	901
261	电缆	HL4.855.285	W105	875	901
262	电缆	HL3.818.002	W400	1980	2039
263	电缆	HL4.853.113－1	W402	2107	2170
264	电缆	HL4.853.114－1	W403	1380	1421
265	电缆	HL4.851.000	W409	410	422
266	电缆	HL4.853.117	W412	580	597
267	电缆	HL4.855.006－90	W418	1380	1421
268	电缆	HL4.855.108－X	W419	1815	1869
269	电缆	HL4.853.027－X	W30	2180	2245
270	电缆	HL4.850.001－X	W53	2720	2802
271	电缆	HL4.850.002－X	W54	2820	2905
272	电缆	HL4.850.003－X	W80	375	386
273	电缆	HL4.855.104－X	W88	875	901
274	电缆	HL4.855.283－X	W103	560	577
275	电缆	HL4.855.105－X	W404	685	706
276	电缆	HL4.853.029－X	W405	930	958
277	电缆	HL4.855.106－X	W406	1200	1236
278	电缆	HL4.855.107－X	W408	1500	1545
279	电缆	HL4.853.030－X	W410	930	958

附表 7.3　雷达站级雷达备件清单

序号	名称	部件号	高层代号	批采价(元)	零采价(元)
1	可变衰减器	AL2.884.045	1AT6,1AT7	3338	3438
2	同轴负载		1AT1	706	706
3	低噪声放大器	HL2.806.003JT	2A4	16922	17430
4	电机碳刷	D374L－7×11		130	134
5	测速机碳刷	SILVER－GRAPHITE 2.5×5		130	134
6	液位传感器	GD－YWH	2A1A3RT1	5721	5893
7	方位大齿轮液位传感器	GD－YWS	2A1A3RT2	5721	5893
8	开关	KN－203	2A1A3SA1	88	88
9	故障显示板	HL4.123.001－1DL	3A1A1	11399	11741
10	测量接口板	HL2.900.100	3A1A2	18083	18625
11	状态显示板	HL4.123.001－3DL	3A1A3	9982	10281
12	电弧/反射保护	HL2.908.001MX	3A6	15660	16130
13	油箱接口组合	HL2.908.003MX	3A7A1	11000	11330

续表

序号	名称	部件号	高层代号	批采价(元)	零采价(元)
14	高压供电电源滤波器	FNF－301A25	3A14	2989	3079
15	机柜灯供电电源滤波器	FNF212A6/01		444	444
16	辅助供电电源滤波器	FNF2A10		145	145
17	聚焦线圈风机 M1	150FLJ－8	3M1	2558	2635
18	聚焦线圈风机 M2	150FLJ－5	3M2	2558	2635
19	速调管风机 M3	150FLJ－5	3M3	2558	2635
20	主风机 M4	CLQ－19	3M4	13818	14233
21	同轴可变衰减器组合	SHK－4	3AT1	4529	4665
22	N1 电源控制板	HL4.123.002MX	3N1	1230	1267
23	3N2 强电输入保险丝组合	HL4.810.001MX	3N2	520	536
24	3N3 保险丝组件	HL2.908.004MX	3N3	4940	5088
25	3N3 印刷电路板	HL2.908.004DL	3N3A1	1428	1471
26	磁场电源变压器	AL4.707.117	3T1	6285	6474
27	＋28V 电源	HL2.932.004－1	3PS3	7223	7440
28	＋15 V 电源	HL2.932.004－2	3PS4	1531	1577
29	－15 V 电源	HL2.932.004－3	3PS5	1531	1577
30	＋5 V 电源	HL2.932.004－4	3PS6	1252	1290
31	＋40 V 电源	HL2.932.004－5	3PS7	2366	2437
32	活动门组件	AC4.120.000	4A42	5000	5150
33	射频板	AC4.130.000	4A43	5000	5150
34	固定衰减器	AC2.972.009JT	4A36	1257	1295
35	20dB 定向耦合器	AC2.969.011JT	4DC2	3258	3356
36	预选带通滤波器	CRD4－A4－00－00	4A4	6851	7057
37	混频/前置中放	CRD4－A5－00－00	4A5	16100	16583
38	电源板	AC3.619.000MX	4TB3	3000	3090
39	RF 噪声源	CRD4－A25－00－00	4A25	14004	14424
40	4 位二极管开关	CRD4－A22－00－00	4A22	13304	13703
41	RF 功率监视器	N425D－5147	4A26	14308	14737
42	40dB 定向耦合器	AC2.969.010JT	4DC1	3258	3356
43	固定衰减器	AC2.972.008JT	4A34	1257	1295
44	2 位二极管开关	CRD4－A24－00－00	4A24	7324	7544
45	电源板	AC3.619.000MX	4TB2	3000	3090
46	轴角显示板	US2.927.2282	5A6AP5	4200	4326
47	状态显示板	US2.929.0197	5A6AP4	4200	4326
48	电源模块	4NIC－Q165	5A6GB1	14872	15318
49	保险丝盒	FU1BLX－1	5A6FU1	210	224

续表

序号	名称	部件号	高层代号	批采价(元)	零采价(元)
50	风扇	125FZY2－S	5A6M1	84	84
51	交流滤波器	DL－10H1U	5A6Z1	275	281
52	固态继电器	JG－2FD	5A7K1	1203	1270
53	风扇	125FZY2－S	5A7M1、M2	84	84
54	变压器	T70－13	5A7T1－T3	1850	1906
55	指示灯	D16PLR1－000	5A7HL1－HL3	933	973
56	RDASC 计算机	HL2.300.007JT	5A12	13039	13430
57	风扇 223－130	HL3.964.000JT	5MF1，5MF2	1950	2009
58	直流监控电源	HL2.932.005－4	5PS1	10027	10328
59	直流监控电源	HL2.932.2001－6JT	5PS2	10027	10328
60	通风波导窗	60－02837A		1800	1854
61	电压电流指示面板组合	HL5.560.901		1450	1494
62	风扇 223－130	HL3.964.000JT	5MF1，5MF2	1950	2009
63	电源滤波器	FNF202B2	98A5	3369	3470
64	电源滤波器	FNF402B10	98A4	6422	6615
65	电源滤波器	FNF202B10	98A6	6422	6615
66	98A1 开关件组合	HL5.562.901(HL3.624.001)		5290	5449
67	98A2 开关件组合	HL5.562.902		5670	5840
68	接线排 XT2	HL5.569.902		51	53
69	接线排 XT3	HL5.569.903		310	319
70	98A10 浪涌保护器组合	HL5.569.904		3830	3945
71	总输入接线排	HL5.569.905(HL8.048.000－1)		212	218
72	后盖板组件	HL5.560.905－90		740	762
73	总开关	SA103BA－100A		676	696
74	避雷器	DG.TT.230.400.FM385		1577	1624
75	断路器	E4CB110CEC10		57	58
76	交流接触器	A95－30－11		1538	1584
77	交流互感器	LMZJ1－0.5	98A8	57	57
78	三相电源监视器	TVR2000－1		190	191
79	熔断器座	RT18－32		124	125
80	通风波导窗	60－02837A		1800	1854
81	熔断器－32A－φ10×38	RT14－20		17	17
82	接地排	HL7.754.001		64	66
83	转接头 M－M	SMA－50JJ		363	374
84	转接头 F－F	SMA－50KK		363	374
85	转接头 M－M	N－50JJ		363	374

续表

序号	名称	部件号	高层代号	批采价(元)	零采价(元)
86	转接头 F—F	N—50KK		363	374
87	转接头 M—M	N/SMA—50JJ		363	374
88	转接头 F—F	N/SMA—50KK		363	374
89	转接头 M—F	N/SMA—50JK		363	374
90	转接头 F—M	N/SMA—50KJ		363	374
91	平衡微波检波器	HL2.984.000		1970	2029
92	衰减器(3dB，N—type)	HL2.703.000		483	497
93	衰减器(7dB，N—type)	HL2.703.001		483	497
94	衰减器(20dB，N—type)	HL2.703.002		483	497
95	衰减器(30dB，N—type)	HL2.703.003		483	497
96	测试电缆 W420	HL4.850.108		2560	2637
97	测试电缆 W421	HL4.850.109		2560	2637
98	测试电缆 W422	HL4.853.123		2560	2637
99	测试电缆 W423	HL4.850.112		2560	2637
100	测试电缆 W427	HL4.853.309		2560	2637
101	合像水平仪	HL2.758.000		1251	1289
102	万用表	MY—65		548	564
103	绝缘电阻表(兆欧表)	AC—7		421	434
104	功率探头	AGILENT 8481A		15730	16202
105	送风装置	HL3.964.002		2390	2462
106	电缆转接盒	HL3.691.000		5833	6008
107	风量调节阀	HL3.964.001		2180	2245
108	门行程开关	5LS1—T		642	661
109	白炽灯	GB10681—89		3	3
110	防爆灯	BAD53—100x		353	353
111	开关	491—743		90	91
112	开关盒	491—737		605	623
113	隔离变压器组合	HL3.688.000		4150	4275
114	交流接触器	B16—30—10		195	197
115	温控开关	TR/711—N		198	199
116	温度传感器	PT—100(—50~50℃)		1455	1499
117	电缆转接盒	HL3.691.000	11A5	5833	6008
118	隔离变压器组合	HL3.688.000	12A3	4150	4275
119	送风装置	HL3.964.002		2390	2462
120	门行程开关	5LS1—T		642	661
121	交流接触器	B16—30—10		195	197
122	温控开关	TR/711—N		198	199
123	温度传感器	PT—100(—50~50℃)		1455	1499

附录8　广东省新一代天气雷达业务质量考核办法

为进一步提高我省新一代天气雷达业务人员的业务技术水平,促进我省新一代天气雷达工作业务质量的提高,充分发挥新一代天气雷达业务人员的积极性和创造性,特制定本办法。

一、广东省新一代天气雷达业务人员优秀评比条件和要求

(一)拥护党的基本路线,遵守国家政纪法纪;思想作风正派,热爱本职工作,积极主动,严守各项业务规章制度,遵守职业纪律和职业道德;关心集体,团结帮助同志。

(二)努力学习业务知识和先进技术,苦练本职业务基本功,熟练掌握本专业各项业务,在省、地组织的年度或抽查技术测试中成绩优良;能在复杂情况下较好地完成工作任务;在实际工作中发挥业务技术骨干作用。

(三)业务工作成绩突出。其具体要求是:

(1)评优时段内的业务工作量必须多于或相当于同期本地区或本站同类业务人均工作量。

(2)必须达到本专业的连续工作无错情(或优秀)标准。具体如下:

新一代天气雷达机务人员或保障人员工作连续无错情(基数统计办法主要依据中国气象局业务质量考核办法),其连续无错情工作基数,应达到8000个或以上;或连续工作基数达10000个或以上但错情和≤2.0个错情。新一代天气雷达机务、保障工作报表合并统计其连续无错情工作基数。台站审核人员必须坚持参加值班,且值班次数不得少于本站平均值班数的三分之一。

(四)凡连续半年或以上时间中断值班(或报表预审)工作者,其中断工作前后的工作基数应分别进行计算,不得连续计算参加评比。

(五)个人质量考核按《新一代天气雷达业务质量考核办法(试行)》(气测函〔2011〕202号)的规定进行考核。

(六)若发现被验收台站有如下情况之一者,取消该台站当年申报评比资格。

(1)业务质量考核不严格,隐瞒错情不报;

(2)年度ASOM统计雷达可用性少于96%的台站;

(3)年度雷达保障不力导致故障次数过多的台站;

(4)出现重大安全生产事件的台站;

(5)出现其他意外情况,验收小组认为应该取消其评比资格且经省局批准的台站。

二、奖励和表彰

(一)符合新一代天气雷达业务人员优秀评比条件,达到新一代天气雷达业务人员评审条件,经本台站初审合格后,报省局观测与网络处候审。

(二)符合新一代天气雷达业务人员优秀评比条件,达到连续工作满8000个基数或10000个基数以上但错情和≤2.0个,经由省局统一组织验收小组验收合格后,由省局授予"广东省新一代天气雷达优秀业务员"称号,发给证书和奖金。

（三）"广东省新一代天气雷达优秀业务员"称号获得者可在职称评定、晋级等方面予以优先考虑。

三、申报

（一）台站申报：新一代天气雷达业务人员连续工作达到省新一代天气雷达优秀业务员时，台站需进行初查，然后填写《广东省新一代天气雷达优秀业务员呈报表》（附后），报省局观测与网络处验收和审批。

（二）台站初查、申报工作由站领导组织。

（三）初查工作包括：达到连续工作的起止日期；核查时段内逐日的工作基数、全部质量登记报告表、值班日记、观测记录簿和报告单、审核查询单；抽查二分之一以上各类原始记录，召开全站新一代天气雷达业务人员会议，民主评议申报者的政治表现、工作状况、业务水平和质量情况。

（四）初查确认符合标准者，填写《广东省新一代天气雷达优秀业务员呈报表》。报告表一式 2 份上报省局观测与网络处。填写报告表字迹要清楚，事迹要详细真实，并写明起止时段内值班、预审的工作基数。台站意见栏要说明初查范围和情况，民主评议意见。台站所在市局领导签名、盖印后上报省局观测与网络处。

（五）新一代天气雷达优秀业务员达到省优秀业务员时，台站须在其达标终止日期后的 2 个月内完成初查和上报。逾期上报者，不再验收和审批。

四、验收

（一）验收小组由 2～3 人组成。

（二）验收程序和要求

（1）了解情况、征求意见。验收组先向全站公布被验收人姓名、无错情工作时段；通过个别交谈，听取站领导、业务员和经常使用气象观测资料同志对被验收者的政治表现、工作表现等意见，特别是在被验收时段内有无违反政策法纪、职业道德纪律、业务规章制度等行为。

（2）复核工作基数。抽查逐日工作基数的计算是否符合规定；复核累计基数是否准确；核实无错情时段起止时间。

（3）抽查、复查有关记录资料

1）复查无错情时段全部值班日记、观测记录簿、质量考核报告表。预审登记本、预审单、查询单等。对群众反映的问题、疑问记录要逐一查实。

2）抽查无错情时段内记录资料，包括各类观测记录簿、值班日志（纸质或存储文件）、个例资料整编光盘和其他机外保存数据等。重点查核重大天气过程的天气现象记录、复杂天气记录及观测分析等。季节转换、节假日和仪器更换前后的记录，也应重点核查。必要时应请省局信息中心、省大气探测中心等单位校对报底，检查数据资料上传及故障维护维修情况。抽查记录资料的数量，不少于记录总量的二分之一（按时段计算）。

3）检查台站备件储备、仪器仪表及现用仪器情况；检查台站故障更换备件记录情况和备件库更新情况。

（4）做验收结论，验收小组对查出的问题，应与台站所在市局领导、当事人、知情人认真核实，并集体讨论验收情况，写出验收结论初稿。召开台站所在市局领导、台站有关同志集体座谈会。验收组介绍验收情况,对发现的问题进行座谈讨论。在站上难以确定的问题,可回省局后研究决定。对不合格者,验收组和台站所在市局领导应与其当面交谈,做好思想工作,鼓励其继续努力。

(5)填写验收意见。验收工作结束后,验收组应将验收结论填入《广东省气象局新一代天气雷达优秀业务员登记表》有关栏中。验收结论应包括:验收经过和情况;抽复查的记录资料范围及时段;发现问题及处理意见;是否符合标准的结论性意见。验收人员签名,以示负责。

(6)验收纪律要求:

1)参加广东省新一代天气雷达优秀业务员验收的人员必须认真负责、秉公办事,以新一代天气雷达观测规范、技术规定、规章制度为准绳,以事实为依据。严禁感情用事、走过场或放宽标准尺度。

2)必须坚持下台站实地进行验收。不许以调用记录资料的方式代替下台站。

3)被验收的单位和个人必须为验收组提供必要的工作条件、所需的全部记录资料,如实反映有关情况和回答验收人员的一切咨询。不允许说假话、提供假情况或以任何形式掩盖事实真相;不许以任何形式阻挠或干扰验收工作。如发生上述情况者,验收组可认为该单位或个人所报优秀业务员有虚假而不予验收或予以否定。

五、本考核办法自 2013 年 5 月 1 日开始实行,广东省新一代天气雷达业务员的基数和错情统计工作根据中国气象局的要求从 2012 年 1 月 1 日开始计算。

附录9　广东省气象局新一代天气雷达加密观测管理办法

为规范新一代天气雷达加密观测流程,提高新一代天气雷达加密观测效益,更好地为气象预报、服务和重大科学试验等提供可靠的加密观测资料,特制定本管理办法。

一、新一代天气雷达加密观测的启动条件

当出现下列情况之一时,可根据需要启动新一代天气雷达加密观测:

(一)重大天气过程预报服务需要

(二)重大活动气象保障服务需要

(三)重大科学试验需要

(四)其他经批准需要开展的新一代天气雷达加密观测

二、新一代天气雷达加密观测的组织

新一代天气雷达加密观测一般由广东省气象预报和服务单位提出,广东省气象局观测与网络处组织。

因专项服务需要或重大科学试验进行的新一代天气雷达加密观测,也可由专项服务或科学试验承担单位提出,经与省气象局协调后,由广东省气象局观测与网络处组织。

各市气象局根据业务服务需求,可组织本市新一代天气雷达站进行新一代天气雷达加密观测,并报广东省气象局观测与网络处备案。凡同一次新一代天气雷达加密观测活动涉及不同市新一代天气雷达站的,由广东省气象局观测与网络处组织。

三、新一代天气雷达加密观测站点

全省所有新一代天气雷达站都应根据需要承担新一代天气雷达加密观测任务。

承担新一代天气雷达加密观测任务的站点由申请单位提出,广东省气象局观测与网络处审定。

四、新一代天气雷达加密观测资料传输及存储

新一代天气雷达加密观测和数据传输等相关工作按照常规新一代天气雷达观测的业务要求进行。

五、加密指令的发布、实施和解除

加密指令是实施新一代天气雷达加密观测的行动命令。发布加密指令既要严格遵守业务规定,又要根据实际情况灵活掌握。执行指令必须严格认真、准确无误。

(一)申请

在申请新一代天气雷达加密观测时,申请单位须填写新一代天气雷达加密观测申请表(格式见附表9.1),说明具体的加密原因、加密站点名称、加密时次、加密开始时间和结束时间,经本单位负责人审核签署意见后送广东省气象局观测与网络处。申请新一代天气雷达加密观测时要充分考虑通信传输、台站准备等因素,新一代天气雷达加密观测的申请一般应在第一个加密时次12小时前提出。

如情况紧急,也可先请示局领导后,由观测与网络处电话通知各雷达站。相关书面申请程序应尽快补办。

在新一代天气雷达加密观测实施过程中因故需要对加密时间和内容进行变更的,须重新申请。

(二)签发

广东省气象局观测与网络处在接到申请后1小时内进行审核,并由处负责人签发新一代天气雷达加密观测指令。

(三)发布

加密指令由广东省气象局观测与网络处通过NOTES或传真发送到相关市气象局业务科或雷达站、省气象信息中心及省大气探测技术中心。加密指令发布后,必须电话确认。如NOTES或传真方式不畅可通过手机短信方式发布,收方应回复短信确认。

加密指令格式见附表9.2。

(四)执行

各市气象局须在接到加密指令后1小时内完成新一代天气雷达加密观测任务布置。

执行新一代天气雷达加密观测任务的新一代天气雷达站,必须按照新一代天气雷达观测规范做好加密观测工作。

气象信息中心应及时做好新一代天气雷达加密观测资料的传输、入库和用户服务工作,各雷达站应及时做好新一代天气雷达加密观测资料的传输工作。

(五)解除

加密指令中明确加密结束时间的,则在最后一次新一代天气雷达加密观测完成后新一代天气雷达加密观测指令自动解除;在加密指令中未明确加密结束时间或因故需要提前结束新一代天气雷达加密观测的,须由广东省气象局观测与网络处发新一代天气雷达加密观测解除指令。

新一代天气雷达加密观测解除指令格式见附表9.3。

六、交接登记制度

加密指令发布、解除、转发、接收单位应建立接转指令登记制度,记录接收(发布)指令的日期、时间(具体到分钟),指令发布(接收)人员姓名。

七、新一代天气雷达加密观测业务质量考核

按照新一代天气雷达观测质量考核办法将新一代天气雷达加密观测业务纳入日常业务考核,工作基数、错情等与常规新一代天气雷达观测业务质量合并统计。

八、报告制度

新一代天气雷达加密观测申请单位每年年底前向省观测与网络处递交新一代天气雷达加

密观测效果评估报告,进行效果评估并提出改进建议。

九、其他要求

因专项服务需要或重大科学试验进行的新一代天气雷达加密观测,须在启动新一代天气雷达加密观测前一个月制定新一代天气雷达加密观测方案,明确加密原因、站点、时段和时次,送广东省气象局观测与网络处审定。

遇紧急情况,须在非工作时间进行加密指令申请、审核和发布时,可通过手机短信或电话进行。

附表 9.1　广东省气象局新一代天气雷达加密观测申请表

申请单位:　　　年　第　　号

加密原因:	
拟加密新一代天气雷达站名称及所在市:	
加密时次:	
加密开始时间: 加密结束时间:	
申请单位负责人审核意见: 　　　　（签字） 　年　月　日	

承办人:　　　　　联系电话:
年　　月　　日　　时

附表 9.2　广东省气象局新一代天气雷达加密观测指令

年　第　　号签发：

加密开始时间： 预计加密结束时间：
加密新一代天气雷达站名称：
加密时次
加密事由：

注：指令通过 NOTES 或传真发送到相关市气象局业务科或雷达站、省气象信息和省大气探测技术中心。

承办人：　　　　联系电话：

广东省气象局观测与网络处

年　　月　　日　　时

附表 9.3　广东省气象局新一代天气雷达加密观测解除指令

年　第　　号签发：

最后一次加密时间：
备注：

注：指令通过 NOTES 或传真发送到相关市气象局业务科或雷达站、省气象信息和省大气探测技术中心。

承办人：　　　　联系电话：

广东省气象局观测与网络处

年　　月　　日　　时